99個故事，99個啟示
可苦可樂擁抱幸福人生

讓好事沒完沒了的99個啟示

（原書名：關於幸福的100個故事）

林大有◎著

前言

我是我，這是我與衆不同之處，所以我要活得像自己，保持自己的本色，走自己的路，勇敢挑戰人生，做眞正的自己。

找樂子，是我生命最燦爛的價値，因此，我就得活得有聲有色，秀出自己，始終笑對人生。我願體察萬千姿態，識得眞事物，拒絕平庸角色，讓自己足夠貨眞價實。

我從不屈服於命運，又不安於現狀，從心靈尋找突破，從態度改變自我。一個目標的實現，就是一個新征程的開始。我自許發於思，行於實，成於事，始終步步爲營，駕馭自己穩健的步伐。我還必須處處保持靈活與變通，永遠做適時調整，乘勝前進。

★ 前言

我要有最大的寬容和胸懷，可以包納萬物，又排除雜質，推陳出新，提供我生命的養料，而且不與人爭，享受每一天的平淡與寧靜。

目錄

★ 目錄

第三章 要出頭

第五章 穩住陣腳

第七章　相容與虛懷並蓄

★ 目錄

一、做自己

無風月，花柳不成造化；
無情欲，嗜好不成心體。
只以我轉物，不以物役我。

——《菜根譚》

（沒有清風明月和花草樹木，就不能構成大自然；沒有七情六欲，就不能成為一個有靈魂的人。要用自己的思想來掌控萬物，而不是讓物奴役自己。）

多少世代以來，那些成功的男男女女都掌握了盡情生活的秘訣。第一個秘訣就是自重。對自己的思想和行為具備高度的責任感；也就是守信用，忠誠於自己、家庭和事業；樹立自身的內在準則，而不要與別人相比。這並不是一個要比別人更好的問題；自重和正直要求你比自認為能夠做到的做得更好。

——（美國）巴巴拉．哈徹《走自己的路！》

謎語裏的人生思想

一個能思想的人，才是真正力量無邊的人。

——（法國）巴爾扎克

一天，老師帶學生到戶外教學。大家開心划船，當船行駛到湖中央時，老師興致高昂的對學生說：「我出謎語讓大家猜猜。有一種東西，跑得比光還快，瞬間就能穿越銀河系，到達遙遠的地方，請問它是什麼呢？」

「我知道……我知道，是思想！」學生爭先恐後地回答。

老師滿意地點點頭：「那麼，有另外一種東西，跑得比烏龜慢，當春花怒放時，它還停留在冬天；當頭髮雪白時，它仍然是個小孩的模樣，那是什麼？」學生滿臉困惑，回答不出。

老師又問：「還有一個，不前進也不後退，還沒出生就死亡，始終漂浮在一個定點。誰能告訴我，這又是什麼？」學生面面相覷，只好問老師答案。

「這些都是思想！它們是思想的三種表現形式，也可以比喻人生的三種態度。」老師繼續解釋，「第一種是積極奮鬥的人生，他不斷力爭上游，對明天永遠充滿信心；而且他的心靈不受時空限制，能夠超越光速，駕馭萬物。第二種是懶惰的人生，他永遠落在別人的屁股後面，撿拾別人丟棄的東西，這種人注定不會有多大出息。第三種是醉生夢死的人生，當一個人放棄努力、苟且偷安時，他的命運是凍結的，沒有任何機會來敲門。同學們，你們願意選擇哪一種人生呢？」

★ 幸福啟示

人最有力量的是思想

思想決定人生，思路決定出路。

你的生活言行，正好反映你的思想。

如果你想瞭解自己的思想，不妨先檢查一下自己的生活。

最有力量的是思想，當你改變對這個世界的想法時，你的人生也會因此而改變。

咳嗽的鸚鵡

平庸的人最大缺點是常常覺得自己比別人高明。

——（美國）富蘭克林

有位女士養了一隻珍貴的鸚鵡。牠非常可愛，卻有個怪毛病，就是常常咳嗽，而且聲音重濁難聽，喉嚨裡好像塞滿了令人作嘔的痰。女主人十分焦急，帶牠去看獸醫，惟恐牠患了呼吸系統的疾病。

檢查結果出人意料，鸚鵡完全健康，問題出在女主人身上。因爲她抽煙，所以經常咳嗽，這隻鸚鵡只是把主人的聲音模仿到了惟妙惟肖的地步。女主人頓時醒悟，馬上把煙戒掉。

還有位老婦人，多年來不斷抱怨對面鄰居太太很懶惰：「那個女人衣服永遠洗不乾淨，看，她晾在院子裡的衣服總是有污點，我眞的不知道，她怎麼會把衣服洗成那個樣子？」

終於有一天，一位明察秋毫的朋友到她家，才發現問題——不是對面的太太衣服洗得不乾淨，而是老婦人自己家裡的玻璃窗戶髒了。細心的朋友拿了一塊抹布，幫她抹掉窗戶上的污漬，輕輕地說：「看，這不就乾淨了嗎？」

老婦人聽了滿臉羞愧。

★ 幸福啓示

切莫自以為是

主觀意志是如此，客觀事實往往是另外一回事。

凡事老覺得別人不對，自己總是對的，人生路上肯定會栽跟頭。

堅持頑固偏激的自我，忽視豐富多彩的現實生活，只會永遠活在人生的死角。

改變自己很難，人生的許多問題往往錯在自以為是，所以應當反省自我、重塑心靈。

不說話的修煉

天性好比種子，它既能長成香花，也可能長成毒草，所以人應當時時檢查，以培養前者而拔除後者。

——（英國）培根

在一個山清水秀的地方，有一座寺廟，裡面住著四名和尚。一次修煉時，他們參加禪宗的「緘默修煉」。這四名和尚中，有三個道行較高，只有一個道行較淺，修煉時的點燈工作便由道行較淺的丁和尚負責。

修煉開始了。四幸福啓示和尚圍繞著燈，盤腿打坐。幾個小時過去了，四人始終默不作聲，四周靜悄悄的，只有小鳥在枝頭鳴啼。慢慢地，油燈的油愈燃愈少，眼看就要枯竭了。丁和尚的眼睛始終盯著那盞燈，見此情景甚爲著急，可是他不敢說話。

突然，一陣風吹來，燈火被吹得左搖右晃，眼看就要熄滅了。丁和尚實在忍不住了，他大叫一聲說：「糟糕！燈快滅了！」

其他三名和尚，原來都是閉目打坐，始終沒有說一句話，一聽到丁和尚的叫喊聲，都睜開了眼睛。丙和尚立刻斥責丁和尚說：「你喊什麼！我們在做『緘默修煉』，你怎麼能隨便開口講話呢！」乙和尚聞聲大怒，衝著丙和尚說：「你不是也說話了嗎？還罵別人！」甲和尚一直沈默靜坐，這時卻睥睨另外三個和尚說：「哈哈！只有我沒說話！」

那三名道行高的和尚在指責別人說話時，卻不知道自己也犯下同樣的失誤。

★ 幸福啟示

別被同一塊石頭絆倒

「嚴以責人，寬以待己」，這是人性的錯。

只看見別人的過失，卻看不見自己的錯誤，這是人們常犯的一大頑疾。

我們應當多做自我反省，多從反面認識自己，不時糾正自己，才能改錯出新。

經常徹底反省自我，才能避免再次被同一塊石頭絆倒。

一個人進步最快的時候，往往是在糾正自己的錯誤時。

比爾・蓋茲的鑰匙

你一定要做自己喜歡做的事，才會有所成就。

——（美國）華德・迪士尼

有個學校出了這麼一道測驗題：

比爾・蓋茲的辦公桌上有五個帶鎖的抽屜，分別貼著財富、興趣、幸福、榮譽、成功五個標籤。蓋茲總是只帶一把鑰匙，而將其他四把鎖在抽屜裡。請問蓋茲帶的是哪一把鑰匙？而把其他四支鑰匙放在哪一個抽屜裡？

有學生回答說，蓋茲帶的是「財富」抽屜上的鑰匙，其他鑰匙都鎖在這只抽屜裡，結果只得了一分。

據說，蓋茲給出這道題的學校發了一封電子信函，其中寫有這樣一句話：「在你最感興趣的事物上，隱藏著你人生的秘密。」

現在，各位知道這個問題的正確答案了嗎？

★ 幸福啓示

興趣是最好的導師

興趣是學習的動力，熱情是興趣的嚮導；凡事提不起興趣，必將難以成事。

總是強迫自己，很難把事情做圓滿。

興趣可以培養，要的是保持積極的心態，認真學習才會有成效。

興趣不宜過廣，須明白人生精力有限，專注去做一件事才會有更大成就。

布萊爾的三次淚水

果斷獲得信心，信心產生力量，而力量是勝利之母。

——亨利希・曼

法國小孩布萊爾十分不幸。一八一二年的一天，他的眼睛被利器刺傷了，不久便雙目失明。當時，布萊爾只有七歲。

後來，布萊爾就讀於一所盲人學校，學會了用手指摸讀所有法文字母。由於字母很大，一篇短文就得用幾個大本子刻寫，十分費事，他決心發明一種使用方便的點字法。當他聽到一位法軍上尉能在黑暗中寫字的消息時，便向這位上尉求教。

經過不懈的努力，布萊爾終於發明了簡便的「點字法」。剛開始，人們對「點字法」不瞭解，抱持懷疑態度，但他以頑強的毅力到處奔走，現身說法，宣傳「點字法」。終於，布萊爾的「點字法」得到社會的認可。

這當中，有一名雙目失明的少女就是使用「點字法」的受益者。她熟練掌握了「點字法」，學得一手好鋼琴。在一次音樂會上，她的鋼琴獨奏引起轟動。當人們爲盲眼少女喝采時，她萬分激動地說：「應該接受喝采的不是我，而是使我這個盲人能夠學會認字和彈琴的布萊爾老師。」

就在人們對布萊爾報以熱烈的掌聲時，他熱淚盈眶，萬分激動地說：「這是我一生中第三次流淚。第一次是七歲失明時，我感到前途一片黑暗；第二次是聽到有人能在黑暗中寫字，讓我樹立了生活的信心；而這一次，是因爲我不是一個失敗者！」

★ 幸福啓示

一切都是可能的

人生始於理想，理想孕育希望，希望誕生信心，信心產生力量。

拿破崙曾經說過，當他拿到字典的第一件事，就是迅速翻到「impossible」（不可能），然後把它剪掉。

其實，「Impossible」（不可能）只要加上小小的「，」（一點）自信，就成了「I'm Possible」（我是可能的）。

勇敢的決定

你若失去財產，你只失去了一點點；你若失去榮譽，你就會丟掉許多；而你若失掉了勇氣，你就失去一切。

——（德國）歌德

百事可樂總裁威勒．歐普將要到科羅拉多大學演講。生意不順利的傑夫．禾伊覺得自己很有必要見到他。爲總裁安排行程的人，答應在演講結束後留給他十五分鐘時間。就在總裁演講的那一天，傑夫提前到科羅拉多大學的禮堂外等候。不知過了多久，傑夫突然發現預約時間到了，可是演講還沒結束，現在已過了五分鐘，也就是說，他們的會面時間只剩下十分鐘了。

傑夫認爲事不宜遲，於是當機立斷做出決定。他拿出自己的名片，在背面寫下提醒總裁的話：您下午兩點半與傑夫．禾伊有約。然後推開禮堂的大門，直接從中間的走道朝總裁走去。總裁見突然有人向他走來，便停下演說。傑夫把名片遞給他就轉身走出去。

沒等傑夫走幾步，總裁即向台下觀眾辭行，接著朝傑夫走。總裁走到傑夫跟前，看了看名片，然後兩眼注視著傑夫說：「如果我沒猜錯，你就是傑夫。」

那天，他們竟談了半個小時，總裁對傑夫的談話很有啓發意義。他說：「人的一生中，最需要的就是勇氣。你剛才走到講臺就很勇敢。一個人越想有作爲的時候，就越離不開勇氣，果斷採取行動。人生錯過時機，將一事無成。」

★ 幸福啓示

勇敢戰勝怯懦

失敗不會永遠，成功沒有終點。

每一次失敗都是成功的導航，摔跤是成長的代價。

跌倒無妨，關鍵是你要有站起來的勇氣。

困難不會因恐懼而減小，成功卻會因勇敢而到來。

不是鬼嚇死你，而是你嚇死你自己。

純眞的小王子

千般巧計，不如本分做人；萬種強徒，怎似隨緣節儉。必行慈善，何須努力看經。

——（明朝）吳承恩《西遊記》

羅馬帝王從前線凱旋而歸，率領軍隊遊行羅馬的大街小巷，還特地在最繁華的街口搭了一座看臺，以便讓王族觀禮。

這時候，街上已是人山人海，就在大街的兩旁，有高大威武且全副武裝的羅馬武士站哨。當遊行隊伍接近王族觀禮的看臺時，年幼的王子突然從看臺上跳下來，擠開人群，準備跑到大街的正中央去攔住父親的御駕。

站在道路兩邊的羅馬武士一把抓住他，低聲說道：「不能過去！你知道來的是誰嗎？他可是尊貴的陛下啊！」小王子聽後哈哈大笑起來：「你說得對，他是你的陛下，可他是我的爸爸啊！」

小王子天眞無邪，在他的面前，羅馬的統治者是父親而不是皇帝，他的一言一行完全發自純眞的內心，是眞我的表現。當你有顯赫的頭銜和崇高的地位時，自然會有許多人追隨並喜愛你；而萬一你突然一無所有了，這些人將如何評價你呢？假如把頭銜、金錢扔掉，把地位、身份和架子全都放下，這些人還會喜愛你嗎？拋卻這些身外之物的裝飾，我們內心的那個眞我究竟是什麼樣呢？但願每個人都能做眞我。

★ 幸福啓示

保持真我本色

不管人們對你的行為如何，總是愛他們；
不管人們對你的評價如何，總是做自己；
不管你成功以後會如何，總是要追求；
不管誠實與坦率怎樣受攻擊，總是要高尚；
不管你所幫助的人如何對你，總是有善心。

你的救神就是你自己

一旦過分依賴任何東西、人或金錢，你就完蛋了！人生的挑戰，就是欣賞一切，而不要依戀任何事物。當你對某些東西放手，它才會釋放你。

——安德魯・馬修斯《跟隨你的心》

秋雨淅淅瀝瀝。一名和尚正在屋檐下避雨，突然見觀音撐著傘走過來。他非常興奮，急忙說：「普度衆生的觀音菩薩，您能否普度一次，帶我回家？」

「你在屋檐下，我在雨中，簷下無雨，何需我度？」觀音回答道。

那和尚一聽，立即跑到雨裡說：「現在，我已經在雨中了，這下可以度我了吧！」

「你在雨中，我也在雨中。你被雨淋，是因爲你沒有帶傘；我沒被雨林；是因爲我有傘。可見，是傘度我。你沒有傘，應該去找傘，而不是找我。」說完，觀音就消失了。

某君遇到困難，便到寺廟中去求觀音。他走進寺廟，見一個正在求觀音的人，竟然跟觀音長得一模一樣，便冒失地問：「您是觀音菩薩嗎？」

「我正是觀音。」那人回答說。

某君更感到驚奇了：「既然您是觀音，爲什麼還要拜自己呢？」

觀音微微一笑：「跟你一樣，我也遇到了難事，但我知道，求人不如求己。」

★ 幸福啓示

命運靠自己

有人幫忙是你幸運，無人來助是公正的命運。

沒有誰該為你做什麼，生命是自己的，你得為自己負責。

別老是幻想別人的幫助，習慣於依賴會使你退化。

靠別人永遠強大不起來，看別人的臉色，會被人牽著鼻子走，只有自立的人才能行遍天下。

以己爲鏡的愛因斯坦

人的第一天職是什麼？答案很簡單，就是「做自己」。

——（挪威）易卜生

科學家愛因斯坦是一九二一年諾貝爾物理學獎得主。他之所以成就非凡，可說是年幼時的一件事改變了他。

十六歲時的愛因斯坦仍然整天和一群調皮貪玩的小夥伴在一起。一個禮拜天，他正準備和那群死黨去河邊釣魚。母親叫住他，慈愛地說：「孩子，你整天貪玩，弄得功課不好，我和你爸爸都爲你的前途擔憂啊！」「沒什麼值得擔憂的，羅伯特和傑克功課也不好，不也是天天玩嗎？」愛因斯坦說。「話可不能這麼說啊！媽媽知道你喜歡聽故事，我給你講一個吧！從前，有兩隻可愛的小白貓在屋頂上玩。玩著玩著，一隻抱著另一隻從煙囪掉了下來。等牠們爬出來時，一隻很乾淨，另一隻很髒，你知道誰會去洗澡嗎？」

「當然是髒的那隻小白貓啦！」愛因斯坦馬上答道。「恰恰相反。因爲那隻髒的小白貓見同伴是乾淨的，也以爲自己是乾淨的，所以他不會立即去洗澡，甚至還四處亂逛，惹得大家哈哈大笑，等牠回家一照鏡子，才發現自己又髒又醜。」

講到這兒，母親語重心長地說，「孩子呀，自己才是自己的鏡子。拿別人當自己的鏡子，你就會像那隻骯髒的小貓一樣犯錯誤。」聽完母親的話，愛因斯坦滿臉羞愧，急忙放下魚竿。從此，他一心一意地讀起了書。

★ 幸福啓示

做好你自己

古羅馬哲學家馬可．奧勒留說：「不要把生命浪費在思考別人上。」

認識自己比認識別人重要，專注於「你是誰」，而不是「你做了什麼」，

因為「你是誰」正是你的價值所在。

你的生命由你來支配，不要盲目和別人共用「大腦」。

有才能的人要是隨波逐流，那就失去了自我，慢慢地便會「泯然衆人」。

狐狸的抉擇

人生中最難的是抉擇。

——（英國）莫爾

狐狸不幸被獵人的捕獸夾夾住一隻爪子，牠毫不遲疑地咬斷了那條小腿，撿回一條性命。放棄一條腿而保住了珍貴的生命，這是一隻聰明的狐狸。當生活強迫我們付出慘痛的代價時，主動放棄局部利益，而保全整體利益，是最明智的選擇，正可謂「兩弊相衡取其輕，兩利相權取其重」。

很多人都玩過這樣一個腦筋急轉彎遊戲：在一個風雨交加的夜裡，你駕車經過一個車站，那裡有三個人在等車，其中一個是病得快死的老婦人，一個是曾經救過你性命的醫生，還有一個是你長久以來的夢中情人。假如你只能從車站帶走其中一人，你會選擇哪一個呢？

有人選擇奄奄一息的老婦人，也有人選擇救命恩人，還有的選擇夢中情人。然而，最好的答案是：把車鑰匙給醫生，讓醫生帶老人去醫院，然後自己和夢中情人一起等車。

人們應當懂得取捨。要是做出不當的選擇，會對自己造成莫大的損失。歐洲有一首流傳很廣的民謠：「爲了得到一根鐵釘，我們失去一塊馬蹄鐵；爲了得到一塊馬蹄鐵，我們失去一匹駿馬；爲了得到一匹駿馬，我們失去一名騎手；爲了得到一名騎手，我們失去了一場勝仗。」

★ 幸福啓示

學會選擇，懂得放棄

捨魚而取熊掌是智者之舉，捨生而取義是英雄的壯舉。

《臥虎藏龍》裡有句話：「把手握緊，什麼都沒有，把手張開就可以擁有一切。」

秋葉離枝落地，卻詮釋著來年春天的綠意。

蠟燭燃燒了自己，卻把光明留給了黑夜。

落紅不是無情物，化作春泥更護花。

犧牲一些東西，你卻獲得了另一些永恒。

不走歪路

非道（不規矩之路）莫鞋履，有過務速改，有善勿矜誇，自然與禍斯違（相互分離），與福斯會。

——（元朝）普度《蓮宗寶鑑》

活潑可愛的孩子到了七歲，母親便送他去上學。離學校不遠的地方是一片田地。時值初秋，稻田在清風中蕩漾著綠油油的細浪，散發出撲鼻的清香，孩子貪婪地呼吸著田野裡芳香的空氣。

「多好的一片稻田啊！」母親讚歎道。突然，孩子發現一條很便近的「路」。這是條從田地裡踩出來的歪路，與原來那條沿著田地的路，恰好構成了一個三角形。這條「路」的存在，就好像在人的臉上烙下了一道傷口。母親惋惜道：「好好的田地竟被如此糟蹋。」

「媽媽，這是捷徑呢！咱們也走這條路吧！」「不行！那是莊稼地，不是路！」媽媽溫柔的聲音中透露出堅決的語氣。孩子振振有辭地說：「反正稻子也被人踩死了。」「那還是不行。如果人人都走這裡，那稻子就永遠也長不出來了。」母親的口氣有點嚴肅。「但是很多人都從這裡穿過呀！」孩子爭辯道。

母親拉著兒子走在大路上，親切地說：「世界上的許多歪門邪道，就是這樣形成的。面對那些自私自利、喪失道德的人幹了壞事，有的人不但不阻止，反而效仿追隨，這是錯的呀！」頓了頓，母親又說，「歪路看似捷徑，特別誘惑人，但它們都偏離了正常的生活道路。一個人走上了這條路，很容易染上惡習，幹出傷天害理的事。孩子，我們隨時都要警惕呀！」

★ 幸福啟示

為人要「正」

知識比不上智慧，智慧比不上靈性，靈性比不上悟性，悟性比不上德行。

大哲學家康德說：「我們寄望於老師的，是他能從我們中間首先培養出懂道理的人，其次是有智慧的人，最後才是高能者。」

重蹈覆轍

不要模仿任何人，讓我們發現自我，秉持本色。

——（美國）卡內基

有個人要穿過沼澤地，因爲沒有路，便試探著走。他左跨右跳，竟也走了過去。過幾天，又有一個人要穿過沼澤地。他看到上面留下的足跡，認爲這肯定是有人走過，沿著別人的路走一定不會有問題。他用腳試著踏上去，果然實實在在，於是放心地走起來。突然，他發現前面留下的腳印有點凌亂，但他不以爲意，仍然「義無反顧」地朝前走，結果竟一腳踩到軟泥，整個身體都沈下去，眞可謂「一失足成千古恨」。

有第三個人要穿過沼澤地，他看著上面更多的足跡，想都未想就跟著走……一味地模仿，走別人的路，只會害了自己。

我們再來看這樣一個故事。據說，駱駝早年也跟許多動物一樣，生活在繁花盛開、無比美麗的大森林裡，天天都有豐盛的美餐。一天，動物們在森林裡聚會，一隻猴子登臺表演，大家看到牠優美的舞姿，都讚不絕口。坐在角落裡的駱駝既羨慕又嫉妒，也想讓大家稱讚一番，於是站起來大聲說：「各位，請安靜一下，我要跳一曲駱駝舞給大家看。」動物們聽了都很興奮，睜大眼睛無比期待。駱駝鞠躬之後，開始搖擺身體。牠那醜陋的動作，不僅沒有獲得大家的讚美，反而被趕下舞臺，逐出會場。駱駝覺得丟盡了面子，便偷偷溜出森林，把家搬到了那缺水少草的邊遠沙漠，過起艱難而又孤獨的生活，再也沒有臉回森林。

★ 幸福啓示

開放自己的美麗

有幾種花，就會有幾種色彩；有多少種人，就會有多少種命運。

生活因花而美麗，世界因人而精彩。

花的美在其芳香與豔麗，人的美在其品格與價值。

生命如花，每個人都應像鮮花一樣，向世界張揚自己的個性與美麗。

不做跟隨者

堅持做自己，不要模仿任何人。

——（美國）愛迪生

著名心理學大師弗洛伊德曾經講過這樣一個經典故事：

童年時代，約翰和湯姆是鄰居，經常在一起玩耍。約翰這孩子腦筋靈活，學什麼都是一點就通，成績自然也不錯。他知道自己的優勢，所以很驕傲。

湯姆的腦子沒有約翰靈光，儘管他很用功，但成績並不理想。每當與約翰相比，他就會感到自卑。

幸運的是，他母親總是鼓勵他說：「世上的道路是衆人走出來的，人生的道路是自己走出來的。假如你總是以他人的成績來衡量自己，你終生也只不過是一個跟隨者。飛速的野兔雖然一開始遙遙領先，但最終抵達目的地的，卻是那充滿耐力和毅力的烏龜。」

湯姆記住母親的話，最終學有所成。

★ 幸福啟示

做人生的創新者

當大家崇尚某種潮流時，不要盲目追隨；在眾人厭惡某一事物時，不要輕易跟著排斥。

成功注定與眾不同，模仿別人就失去自我。

跟隨別人可能會獲得一點成績，但不能獲得大成功。

天才的特點，就是不讓自己的思想走上別人鋪設的道路。

著名畫家齊白石說：「學我者生，似我者死。」

天下第一棋手

人們常用挑剔別人的缺點來表現自己，但他們用這種方式表現的只是自己的無能。

——（俄國）托爾斯泰

清朝名臣左宗棠向來喜歡下棋，而且棋藝高超，所向披靡。一次，他微服出巡，在街上看到一個老人大擺棋陣，並在招牌上寫著「天下第一棋手」六個大字。左宗棠見了，非常不高興：「這老人也太過狂妄，今天終於讓我碰到了，得給他顏色看看。」

左宗棠立刻前去挑戰。結果老人不堪一擊，三戰三敗。左宗棠得意洋洋，命他把那塊招牌拆了，不要再丟人現眼。

不久，左宗棠到新疆平亂，凱旋而歸，見老人竟又把「天下第一棋手」的牌子懸掛出來，異常生氣，又去和老人對奕。誰知他大戰三回合竟然連連失利，被老人打得落花流水。左宗棠實在不服氣，第二天再去，仍然屢戰屢敗。他十分驚訝地問老人：「爲什麼你能在如此短暫的時間內，棋藝進步得這般神速？」

老人笑著說：「那次，你雖然微服出巡，但我一看就知道你是左公大人，而且即將出征，所以讓你贏，好使你有信心立大功。如今你已得勝而歸，我就不再客氣，便盡力發揮。」

左宗棠聽了，佩服得五體投地，連連誇獎老人，不愧是一位棋德高尚、棋藝非凡的「天下第一棋手」。

★ 幸福啓示

正確看待自己

變短處為長處——難，這需要主觀和客觀的共同作用；變長處為短處——易，只需要主觀意願就能立即實現。

滿招損，謙受益。

認識自己比認識別人困難，很多人容易高估自己、低估別人。

一個人的偉大之處，在於能認識到自己的渺小。

「不自見，故明；不自是，故彰。」

二、找樂子

當生活成了快樂，生命就是喜悅；
當生活成了責任，生命就是奴隸。

——高爾基

相傳唐朝有一位法號天際的高僧，為普渡衆生開了一副「包治百病」的藥方，此藥方現存於昆明西山華庭寺。據稱，凡誠心求治者，無一不靈。藥方內容如下：

主要配方：好肚腸一根、慈悲心一片、溫柔半兩、道理三分、言行要緊、中直一塊、孝順十分、老實一個、陰陽全用、方便不拘多少。

用藥方法：寬心鍋內炒，不要焦，不要躁。

用藥禁忌：言清行濁、利己損人、暗箭中傷、腸中毒、笑裡刀、兩頭蛇、平地起風波。

幸福的體驗

決定我們幸與不幸、快樂與否的，不在於我們是誰、在什麼地方、正在做什麼、手中擁有什麼，而在於我們怎麼想。

——卡內基

有三個苦旅的商人，一個是英國人，一個是法國人，另一個是美國人。一天，他們在沙漠中的綠洲相聚，無情的太陽毒烤著這三人。最倒楣的是，這三個商人還迷了路。他們聊起來，想要設法忘卻痛苦，於是大談最感興趣的話題——幸福。幸福是什麼呢？對此，他們說出各自的體驗。

英國商人搶先說：「幸福就是你完成一次艱難的生意談判，皮包裡夾著一份簽訂的合約，而且還是在一個陰沈沈的夜晚回到家，家裡已經有一套柔軟的睡衣、一雙在壁爐旁烘熱的拖鞋，和一位滿臉笑容的妻子在等待著你歸來。」

法國商人聽了，搖搖頭說道：「你這也太不浪漫了。幸福其實是在旅行途中，邂逅一名風情萬種的女子，和她愉快相處了一個月後，了無遺憾地各分東西。」

美國商人打斷法國商人的話：「你們兩個說的都不對。幸福應該是我在甜蜜的睡夢中，突然被一陣猛烈的敲門聲給驚醒。開門一看，發現是一群警察。爲首的警察亮出一張逮捕令說：『麥克，你因爲非法交易被捕。』警察隨即把那亮晶晶的不銹鋼手銬拿出來。這時，你從容不迫地告訴他們：『先生，眞對不起，麥克住在隔壁。』」

★ 幸福啟示

凡事多往好處想

事情的意義並不在於事情本身，而在於我們對待它的態度。

創造財富容易，保持幸福困難。

幸福並不在於努力得到結果才快樂，而是在努力的過程中享受到快樂。

一個人要心胸開闊，而不要幸災樂禍；要凡事多往好處想，而不要多愁善感。

胡思亂想有害無益，樂極生悲會傷元氣。

擊倒世界冠軍的蒼蠅

心胸開闊，不要為了令人不快的區區瑣事而心煩意亂，悲觀失望。

——富蘭克林

一九六五年九月七日，世界撞球冠軍爭奪賽在美國紐約隆重舉行。路易斯．福克斯的得分一路領先，只要再得幾分就可穩拿冠軍。

突然，他見一隻蒼蠅落在主球上，便揮手將蒼蠅趕走。可是當路易斯俯身擊球時，那隻討厭的蒼蠅又飛回到主球上，他只好再一次起身攆走蒼蠅。

然而，就在路易斯再次俯身擊球時，蒼蠅第三次落到主球上，觀眾不由得哄堂大笑。就在觀眾的笑聲中，他的情緒一下子波動起來。更糟糕的是，蒼蠅好像是有意跟他作對，他一回到球檯，蒼蠅就又飛回到主球上，周圍的觀眾更是笑得前仰後俯。路易斯的情緒也壞到了極點，頓時失去理智，憤怒地用球桿去擊打蒼蠅。球桿碰動了主球，裁判判他擊球，他因此失去了一輪機會，這使得路易斯方寸大亂，連連失利，而他的對手約翰．迪瑞則愈戰愈勇，趕上並超越了他，最終奪走冠軍。

第二天早上，人們在河裡發現了路易斯的屍體，他投河自盡了！

一隻小小的蒼蠅，居然把所向無敵的世界冠軍擊倒！這是一場不該發生的悲劇，也因此引起人們的震驚和反思。本來，路易斯完全可以不理睬蒼蠅。當他的主球飛速奔向既定目標時，那隻蒼蠅還站得住嗎？牠肯定不趕自走，飛得無影無蹤。不管是什麼世界冠軍，專注太小的事也會被擊敗。

★ 幸福啟示

螞蟻也能絆倒大象

讓人們不快樂的常是一些芝麻小事，我們能避開一頭大象，卻躲不了一隻蒼蠅。

有人說：「花未來錢，做白日夢，買無用物，憂無聊事，都是人生的『負資產』。」

生活中有兩件事要記牢：第一，勿為小事憂；第二，事事皆小事。

自然的魅力

我們向大自然學習，於是我們獲益良多。
我們向魚類學習，於是我們發明了輪船、潛艇和航空母艦。
我們向鳥類學習，於是我們發明了飛機、火箭和太空船。
我們向蝙蝠學習，於是我們發明了雷達……
太陽東升西落，潮水漲起漲落，萬有引力、浮力定律、能量守衡、量子理論……一切都早已蘊含在大自然當中。

——胡謝驊《把快樂還給自己》

聞名全球的迪士尼樂園是世界建築大師格羅培斯設計的。就在迪士尼樂園即將要對外開放時，各景點之間的路線該怎樣連接卻還沒有具體方案，格羅培斯心裡十分焦急。當巴黎的慶典一結束，他就讓司機駕車帶他去地中海海濱。在那裡，滿山遍野都是當地農民的葡萄園。突然，車子拐入一個小山谷，他們發現那兒停著許多車輛。原來，這是一個無人看守的葡萄園，你只要在路邊的箱子裡投入五法朗，就可以任意摘一籃葡萄。

格羅培斯對葡萄園的這種經營方法感到有趣，一打聽，這是當地一位老太太的葡萄園，她因無力照料而想出這個辦法。誰知在這綿延上百里的葡萄園區，她的葡萄總是最先賣完。這種更加方便、任人自由選擇的做法使大師深受啓發。他迅速給施工部拍了一封電報：「撒上草種，提前開放。」

就在迪士尼樂園提前開放的半年裡，草地被遊客踩出許多條小路，這些踩出來的小路有寬有窄，美觀而自然。過了一年，格羅培斯讓人按照這些踩出來的痕跡鋪設了人行道。誰也意料不到，在一九七一年倫敦國際園林建築藝術研討會上，迪士尼樂園的路徑設計竟被評爲世界最佳設計。

★ 幸福啓示

道法自然

順水推舟——容易；逆風行船——困難；揠苗助長——必死。

與其說前途無「亮」，不如老老實實做好眼前的事；

與其感歎自己「心比天高，命比紙薄」，不如認真向大自然學習生存法則。

順其自然

清水出芙蓉，天然去雕飾。

——李白

夏日炎炎，禪院的草地枯黃了一大片。

小和尚對師父說：「快撒點草種吧！好難看哪！」

「等天涼了吧！」師父揮揮手說，「隨時！」

夏去秋來，師父買了一包草籽，叫小和尚去播種。

秋風起，草籽邊撒邊飄。

「不好了，好多種子都被吹飛了。」小和尚喊道。

「沒關係，吹走的多半是空的，撒下去也發不了芽。」師父安慰徒弟說，「隨性！」

撒完種子，緊跟著就飛來幾隻小鳥，不停地啄食。

「這可如何是好！種子都被鳥吃了！」小和尚急得跺腳。

「沒關係！種子多，吃不完！」師父安慰他說，「隨遇！」

半夜一陣驟雨，小和尚耐不住了，一大早就衝進禪房：「師父！這下真完了！好多草籽被雨沖走了！」

「沖到哪兒，就在哪兒發芽！」師父微微一笑，「隨緣！」

一個星期過去了。原本光禿的地面，居然長出許多青翠的草苗。一些原來沒播種的角落，也泛出了綠意。

小和尚高興得直拍手。師父點點：「隨喜！」

★ 幸福啟示

自然是最美的

以前是崇尚於「補」，老認為身上缺東西；現在又熱衷於「排」，總覺得身上有「毒」。

過去很窮，想胖也胖不起來；

現在生活好了，剛長點肉就吃這個藥那個藥，千方百計地想減肥。

不要盲目地跟風，真正的健康從心靈開始，真正的美是自然美。

鞋的故事

外表美的缺陷可以用內心美來彌補，而心靈的卑劣卻不是外表美可以抵消的。

——秦牧《勇敢地追求著》

一個生活不如意的女孩向一名心理醫生寫信說，她至今沒穿過一雙新鞋子。碰巧，這名心理醫生是個不能行走的殘障人士。在回信中，心理醫生說：「能穿鞋的人只因爲沒有新鞋子穿就感到不幸，只有當他看到沒有腳的人，才體會到什麼是眞正的不幸。」

印度「聖雄」甘地歷來爲印度人民敬仰。他有一次乘火車，一隻鞋子掉到鐵軌旁，此時火車已經開動，無法去撿鞋子。讓人不解的是，甘地卻急忙把穿在腳上的那一隻脫了下來，扔到第一隻鞋的旁邊。一位乘客疑惑地問甘地爲什麼要這樣做，甘地笑著解釋說：「如此一來，看到這雙鞋的窮人就可以得到一雙鞋子了。」

現實生活中的我們又是如何呢？是否像那個抱怨沒新鞋穿的女孩？還是像甘地一樣豁達？每天清晨太陽東升時，你所看到的是什麼？是腳下的黑影，還是那棵在石縫裡頑強生長、嚮往陽光的小草？是西邊的那朵黑雲，還是笑對朝陽的向日葵？

★ 幸福啓示

隨時「革心」

同樣是過日子，你眼中的地獄正是別人心中的天堂。

同樣一件事，你想開了是天堂，想不開是地獄。

一個人對自己的處境不滿，可以用兩種方法來改變：

改變自己的生活條件，或者改變自己的靈魂現狀。

前者不是隨時可以做到，後者則永遠隨自己掌握。

生命不能承受之重

如煙往事俱忘卻，心底無私天地寬。

——陶鑄《贈曾志》

孩提時代的某一天，我去一間沒人住的舊屋子裡玩。玩累了之後，便坐在窗臺上休息。突然，一點聲音把我驚得跳起來。那一刻，我根本想不到左手指上的戒指會鉤住一根鐵釘，就是這小小的東西，居然把我的手指頭拉斷了。

我當時嚇得目瞪口呆，認爲這輩子一切都完了。可是當手上的傷痊愈後，我發現也沒怎麼影響我的生活，也就沒爲這件事苦惱；甚至，我幾乎把這件事給忘了，即使到現在也很少會去想左手少了一根指頭。

手指斷了幾年後，我到紐約遇見一名電梯管理工人，他是一個失去左臂的人。我問他是否會覺得不便。他回答說：「只有在紉針時才會感覺。」

由此我想到，許多人都害怕逆境，喜歡順境。事實上，當一個人處在逆境中，他適應環境的能力會變得相當驚人。

著名小說家達克頓就是這樣的一個人。起初他說，除了雙目失明外，他可以忍受世間一切打擊。後來，當達克頓活到六十多歲，兩眼眞的失明後，他卻這樣告訴世人：「原來失明也能承受。我能夠承受一切的不幸，哪怕是全身的感官都喪失知覺，我依然可以在心靈中一直活下去。」

我並非主張人生要逆來順受，只要有萬分之一的希望，就一定得奮鬥不息。但是，對於那些已經無法挽救的事，我們就應該想開一點，不要去強求。

★ 幸福啓示

心寬天地闊

身安不如心安，屋寬不如心寬。

心裡不通，一切都是人生的障礙。

不要感歎自己缺少什麼，能夠欣賞手裡擁有的人，才是最聰明的。

法國作家羅曼・羅蘭說：「人們煩惱、迷惑，實因看得太近，而又想得太多。」

人人都該做的功課

讓我們盡情欣賞人生的美麗吧！我們感受得越多，就活得越長久。

——法朗士《黛依絲》

〈露露的功課〉

露露不會游泳、不會飛，她的鴨子也是。

露露帶著小鴨子，

天天到池塘邊看別人怎麼游泳、怎麼飛……

——選自幾米《聽幾米唱歌》

這是一道小學生的漫畫作文題。畫面內容很簡單——一個小女孩牽著一隻鴨子，走在池塘邊。未完成的文章，要求學生補充完整，並以此爲題，寫一篇作文，文體不限。我一看，原來是幾米的文章，覺得這小段文字很有意思。但我沒看過這本書，不知道原文是怎麼寫的。我猜想可能是「不久，露露學會了游泳，小鴨子學會了飛，她和牠高興極了」。再想，我認爲應當是「不久，露露學會了游泳、學會了飛，她的鴨子也是，她和牠高興極了。」這樣會更有意思才對。但我還是很好奇原文究竟寫什麼。

第二天我去逛書店，想看看幾米到底是怎樣寫的。原來，他寫的是「日子也一樣很快樂」。

看著這句話我突然很感動——凡事不苛求一定要擁有，要的是一顆欣賞而不是嫉妒別人的心。其實，這何止是露露的功課，這應該也是我們每個人都要做的功課。

★ 幸福啓示

懂得欣賞

煩惱與快樂的差別，只在於你對生活的態度。

你是用一顆開朗的心去迎接生活，還是用消極的態度屈服於生活？

當人生不美好時，至少你還能擁有美好的人生觀。

拋棄灰色的心理，懂得欣賞別人，你的生活自然快樂而美麗。

微笑的力量

笑，就是陽光，它能消除人們臉上的冬色。

——雨果

人生，在自己的哭聲中開始，在別人的哭聲中結束。然而，就在人生的開始與結束之間，我們該怎樣演繹自己呢？

被譽爲「唐宋八大家」之一的曾鞏，仕途上可謂「屢戰屢敗」，三十九歲之前還是一個落弟的秀才。初次赴試，榜上無名，第二次與兄長同考，又名落孫山，曾氏兄弟神色黯然，但是她們的母親始終微笑著安慰並鼓勵孩子。終於，在母親一次次微笑送行與迎接之中，曾家四子一胥同時金榜題名。

達文西畫筆下的「蒙娜麗莎」，就是因爲畫中蒙娜麗莎的神奇微笑而聞名全世界。有人說，她是發現自己懷孕而微笑，這微笑代表即將爲人母的驕傲與滿足；卻也有人反駁說，何以見得她是因爲懷孕而微笑？也許她是發現自己沒懷孕而微笑呢！

世界著名旅館業大亨希爾頓的成功，也得益於「微笑」。早年時，母親告訴他說：「孩子，你想成功，就必須找到一種方法。這種方法得符合以下幾個條件。一是要簡單，二是要容易做，三是要不花成本，四是要能長期運用。」希爾頓問這到底是個什麼方法呢？媽媽笑而未答。希爾頓冥思苦想，終於悟出——是微笑。只有微笑才符合這四個條件。後來，他果然用微笑打開了成功的大門，開辦了聞名世界的大飯店。

★ 幸福啓示

微笑是心靈的陽光

微笑是心靈的陽光、夜行人的燈火，能溫暖和照亮整個世界；

微笑是形象化的哲理、秘訣化的智慧，能在那豁然一亮間幫人們打開心智之鎖。

微笑看起來雖然簡單，但蘊含的深刻道理並非人人都懂。

不要低估微笑的價值，人的許多疾病是由心靈的扭曲引起的。

每天都微笑吧，你的生活會因此而其樂無窮。

賣花的女孩

喜悅是人生的重要組成部分，是人生的希望，人生的力量，人生的價值。

——開普勒《更多的喜悅》

有家花店準備高薪聘用一名售花小姐，徵才廣告一打出去，前來應徵的人絡繹不絕。最後，老闆挑出三個女孩，試用一星期再從中選出一名。這三個女孩都長得美如春花，第一個有賣過花的經驗，第二個是園藝系剛畢業，第三個以前既沒賣過花，也缺乏花卉專業。

第一個女孩由於有過賣花經驗，每次顧客一來，她便不停介紹花的種類，以及怎樣送花，幾乎不讓顧客空手而回。一個星期過去，她業績斐然。第二個女孩充分發揮自己從書本上學到的知識，把怎樣插花、養花、美化環境、降低成本，娓娓向顧客道出。她豐富的知識爲花店帶來很好的效益。第三個女孩頻頻向顧客送去舒心的笑容，熱情服務每位顧客。對一些殘花，她捨不得扔掉，便加以修剪，然後免費送給過路的孩子。這女孩非常努力，但是她的業績明顯不如前兩個女孩。

最終的結果出人意料，花店錄用了第三個女孩。老闆解釋說：「只懂得用鮮花賺錢，即使賺得再多，也只是一時；用如花的心情來經營，雖然剛開始所賺有限，但從長遠來看，將無可限量。掌握花卉知識並不是一件很困難的事，而一個好的心情包含著人的品德、情趣、藝術修養等，是花卉知識所不及的。」

★ 幸福啓示

開放如花的心情

情緒的波動是主觀也是客觀的，人生有低潮是正常，沒有哪個人能永遠快樂，關鍵是不要讓情緒的低潮持續過長，因為心情會影響你的生活。

憂心忡忡地上床，等於背著包袱睡覺。

你得掌控好你的心情，你的心情就是你的臉，你的臉就是你的世界。

微笑是你的生命力，懂得綻放如花的心情，人生就能永存打拼的動力。

止氣之道

怒傷肝，喜傷心，憂傷肺，思傷脾，恐傷腎，百病皆生於氣。

——《黃帝內經》

有個婦人常爲一些小事生氣。她知道這樣不好，便去求高僧爲自己開闊心胸。聽了她的來意，高僧把她領到一禪房中，上鎖之後便揚長而去。

婦人氣得破口大罵，罵了許久，高僧也不理會。婦人又開始哀求，高僧仍置若罔聞。婦人終於沈默了。高僧來到門外，問她：「妳還生氣嗎？」婦人回答：「我只爲我自己生氣，我怎麼會到這鬼地方來受罪。」「連自己都不原諒的人怎麼能心如止水？」高僧拂袖而去。過了一會兒，高僧又問她：「還生氣嗎？」「不生氣了。」婦人答道。「爲什麼？」「氣也沒有辦法呀！」「妳的氣並未消，還壓在心裡，爆發後將會更加劇烈。」高僧又離開了。

等高僧第三次來到門前時，婦人告訴他：「我不生氣，因爲不值得氣。」「還知道值不值得，可見心中仍有衡量，氣根未除。」高僧笑道。當高僧的身影迎著夕陽立在門外時，婦人問高僧：「大師，什麼是氣？」高僧將手中的茶水傾灑於地。婦人視之良久，頓悟，叩謝而去。

某官員拜訪白隱禪師。話間，談到生與死的問題，官員說：「如果真的有天堂和地獄，能否讓我見識見識？」白隱竟開口罵了很多侮辱官員的粗話。官員氣得大聲回嗆，甚至操起棍棒。正當他要大打出手時，白隱大喝一聲：「住手！你不是想見識一下地獄嗎？你已經見識了。」官員恍然大悟，知道大師是以身示教，便謙恭地向他道歉。白隱點頭笑道：「你不是想見識天堂嗎？你已經見識了。」

★ 幸福啟示

別為小事氣惱

人活著不是要鬥氣，而是要鬥志；人活著不是要比氣，而是要比氣量；人活著不是要爭一時，而是要爭千秋。

發怒就是自我傷害，別忘了「手」「戈」便是「我」。

美國前總統威爾遜說：「倘若氣惱你就先數到十，要不行，再數到一百。」

老禪師種蘭

不要因為你的敵人而燃起一把怒火，灼熱到燒傷你自己。

——莎士比亞

有位老禪師非常喜愛蘭花。他在平日弘法講經之餘，栽種許多蘭花。春天一到，各種蘭花爭相開放，寺廟裡幽香不斷，也由此變得格外美麗，引來一大群五顏六色的蝴蝶。見此情形，師徒眾人高興極了。

有一次，禪師要外出雲遊，過一段時間才回來，臨行前吩咐弟子要好好照顧寺裡的蘭花。

這期間，弟子們總是細心的照顧蘭花，不料有一天風雨大作，把花架弄倒，架上所有的蘭花掉到地上，許多花盆都打碎了，蘭花也撒了一地。弟子們非常恐慌，只好等師父回來後，賠罪領罰。

禪師回來了，聞知此事，便召集弟子們，不但沒有責怪，反而說道：「我種蘭花，一來是希望用它來供佛，二來也是爲了美化寺裡環境，不是爲了生氣而種蘭花的。」

禪師說得很好，自己不是爲了生氣而種蘭花。他之所以看得開，是因爲他喜歡蘭花，但心中卻無蘭花這個掛礙。因此，蘭花的得失，並不影響他內心的喜怒。

★ 幸福啓示

心靈無礙

心情浮躁的人只會表現出淺薄，他需要的是領悟和耐心；
利欲熏心的人只聽到銅臭的撞擊，他需要的是寧靜與淡泊；
心胸狹隘的人無法做到寬容，他需要的是舒展心靈與拓寬視野。
只有成熟的人才懂得，自己追求的是心靈上的滿足，而不是眼前實物的得失。
聽者聽於無聲，明者見於無形。
以目而視，得形之粗者也；以智而視，得形之微者也。

心裡的種子

永遠以積極樂觀的心態去拓展自己和身外的世界。

——曾憲梓

在一個大屋子裡，有你的熟人、朋友，也有你不認識的人。現在要求大家互相握手致意，人們會怎樣做呢？有的熱情，有的勉強，有的做得好，有的做得不好，有的只找認識的人，否則就什麼也不願意做。

握手應該人人都會吧！可是這一握是不是能打動人，和人的心態有關。同樣面對夕陽，李商隱感歎道：「夕陽無限好，只是近黃昏。」朱自清一反其調：「但得夕陽無限好，何須惆悵盡黃昏。」葉劍英則高歌：「老夫喜作黃昏頌，滿目青山夕照明。」一個人懂得心態在心內所起的作用，就應當保持樂觀、積極的精神狀態。

春光明媚，一個外地人路過一個村莊口時，遇見一名老人和他的孫子正在曬太陽，便問：「老先生，請問這個村子的人好不好？」老人反問他覺得上個村子的人如何。「不是很友善，我感到不愉快。」外地人回答。「那麼這個村子的人也一樣不太友善。」老人答說。過了一會兒，又有一個外地人來到祖孫倆身邊，問同樣的問題。老人依然問他上個村子的人怎麼樣，這個人回答：「非常友善，我十分愉快。」老人說：「你會發現這個村子的人同樣很友善。」

外地人謝過老人走了以後，小男孩說：「爺爺，你騙了一個人！」「怎麼會呢？一個人內心種下什麼樣的種子，就會結什麼樣的果。」

★ 幸福啓示

保持樂觀的心態

人生的快樂只在一個決定，快樂可以從現在開始，只要你改變它的定義。

真正的快樂由心而生，與外界環境無關。

快樂活在當下，盡心就是完美。

如果心裡不美，那你所面對的一切都不會美好。

吉祥天與黑暗天

禍兮，福之所倚；福兮，禍之所伏。

——老子

中國古代有個塞翁失馬的故事，《阿毗達摩俱舍論》中也有一個福禍雙至的故事。很久很久以前，有一年輕人，乞求上天賜予他最大的幸福。他日復一日，虔誠地向神佛祈禱，誠心終於感動了帝釋天。

一天晚上，年輕人聽到敲門聲，便把門打開——一位美麗的姑娘開口了：「我是吉祥天，專門負責給人幸福。」姑娘的美妙聲音賽過黃鶯出谷。年輕人格外欣喜，立刻邀請她進屋裡坐。

「請等一等，我還有個妹妹，她跟我從來都是形影不離的！」吉祥天微笑著對年輕人說，然後就要把站在身後暗處的妹妹介紹給他認識。當年輕人看清妹妹的面孔後，不禁大爲掃興，心想，世界上怎麼會有如此醜陋無比的人？他滿臉疑惑地問吉祥天：「這位姑娘果真是妳的妹妹嗎？」吉祥天回答：「她就是我的妹妹，叫黑暗天，是掌管不幸的女神。」

年輕人聽了，連忙懇求：「只要妳進來就行了，讓黑暗天留在門外，好嗎？」她一本正經地回答：「你的要求恕我無法接受，因爲我和我的妹妹從小到大就沒有分開過。」年輕人聽了深感苦惱，遲遲不能作出決定。正在這時，吉祥天說話了：「假如你還是難以決定，那我倆就告辭了。」

年輕人還在進退兩難時，她們很快就消失得無影無蹤。

★ 幸福啓示

禍福相依

福禍兩字半邊一樣，半邊不一樣，就是說兩字相互牽連著。所以說，凡遇到好事別張狂，遇到禍事別亂了步伐。

猴子因小失大

當我們沒有心愛的東西時，除了愛已經擁有的，別無他法。

——拉・封丹

《百喻經》裡有這樣一個故事：

一隻獼猴不知從哪裏弄到兩把豆子，高高興興地在路上一蹦一跳地走著。一不留神，腳下一滑，手中的豆子滾落一顆在地上。牠格外心疼，一定要把這顆掉落的豆子找到，於是將手中的豆子全部放在路旁，趴在地上，轉來轉去，東尋西找，但始終不見那一顆豆子的蹤影。

這時，獼猴已經疲憊不堪，肚子餓得直叫，只好拍拍身上的灰土，準備拿取原先放置在一旁的豆子。怎知那顆掉落的豆子還沒找到，原先的那兩把豆子，卻全都被路旁的雞鴨吃得一顆也不剩了。

這隻獼猴因一顆豆子而失去了全部的豆子，實在不值得。像獼猴這種因小失大的事，在大自然界中，還有不少。

據說，在印度的熱帶叢林裡，人們用一種奇特的狩獵方法捕捉猴子。他們在一個固定的小木盒裡面，裝上猴子愛吃的堅果，盒子上開一個小口，剛好夠猴子的前爪伸進去，猴子一旦抓住堅果，爪子就抽不出來了。人們常常用這種方法捉到猴子，因爲猴子有一種習性，就是不肯放下已經到手的東西。可憐的猴子因其貪心，失掉了自己的生命。也許，你會嘲笑愚蠢的猴子，爲什麼不鬆開爪子放下堅果逃命？但審視一下我們自己就會發現，並不是只有猴子才會犯這樣的錯誤。

★ 幸福啓示

珍惜現在的擁有

當你失去的時候，也許正在得到，只是我們往往明白得太遲。

其實你沒有錯過什麼，因為錯過的都不是屬於自己的。

得到的要知道珍惜，失去的絕不後悔。

人不能走進歷史而只能走近歷史，當你懂得珍惜手中擁有的東西時，那你就接近成功了。

貪婪的結局

身後有餘忘縮手，眼前無路想回頭。

——曹雪芹《紅樓夢》

俄國作家托爾斯泰寫過一則短篇故事。有個農夫，每天早出晚歸地耕種一小片貧瘠的土地，收成很少。一位天使可憐農夫的境遇，就對他說：「只要你能不斷往前跑，凡是跑過的地方，不管多大，那些土地就全部歸你。」

於是農夫興奮地不停向前跑！他跑呀跑，跑累了，想停下來休息，但一想到家裡的妻子、兒女，都需要更多的土地來耕作賺錢，便拼命地再往前跑！跑得農夫上氣不接下氣，身體實在難受，本來已經不能再跑了，可是又想到將來年紀大了，可能沒人照顧、需要錢，就再打起精神，不顧氣喘不已的身子，又奮力向前跑！終於，他體力不支，「咚」地倒在地上，再也起不來了，不久便命喪黃泉。

家人挖了個坑，就地埋了他。牧師在給這個人祈禱時說：「一個人要多少地呢？就這麼大。」

據說，有這樣一個叫太陽山的地方，山上滿地都是黃金。可是太陽一落山，所有的黃金就變成石頭。這件事讓一家兄弟倆知道了，他們一塊兒到太陽山去拾金子。弟弟揀了一塊大的金子就匆忙下山。哥哥卻不願意馬上回家，因爲他又發現一塊金子。就這樣，他揀了一塊又一塊，把所有口袋都裝滿了，才趕緊下山，一路上累得他滿身大汗。可剛走到半山腰，太陽落山了，口袋裡的金子全都變成石頭。哥哥忙了一天，最後一無所獲，後悔不已。不貪心的弟弟卻得到一塊金子，從此過著幸福的生活。

★ 幸福啓示

知足常樂

貧窮的人希望得到一些東西，
奢侈的人希望得到許多東西，
貪婪的人希望得到一切東西。
幸福的人記得一生中的滿足之處，不幸的人只記得他失去的東西。
人心不足蛇吞象，一口哪能成胖子？

三、要出頭

人一旦來到這個世界就得對自己負責，必須每天努力修行。如何使今天的我比昨天更進步、更充實，這就是自己人生中最要緊的責任。

——原一平

絶大多數人之所以平庸一生，就是他們缺乏高遠的志向。

對於年輕人來說，不管他多麼貧窮，只要渴望接受教育，希望完善自己，那他就大有希望。對於那些胸無大志、甘於平庸之輩，我們是無計可施的；如果他自身不想出人頭地、建功立業，即便外人再怎麼推動和激勵都無濟於事。

——戴爾·卡內基《卡內基成功之道全集》

一個守護了五十年的願望

我構想我能達到的境界，我能成為什麼樣的選手。我深知我的目標，我集中精力到達那裡。

——麥可・喬丹

英國教師布羅迪整理舊物時發現了一疊試卷，那是柏金小學四年級A班三十二名學生的作文考試，題目是「未來我是……」。

這疊試卷已經存放了五十年，他不禁看了一下，竟被孩子們千奇百怪的想法給迷住了。有個孩子說，他未來會是英國總統，因爲自己已記住了三十個英國城市的名字，別的同學只知道五、六個；還有一個小傢伙認爲，他將來能成爲海軍上將，因爲在一次游泳時喝了三升水，竟沒被淹死；特別讓人注意的，是一個名叫大衛的盲眼小孩，他說自己未來將成爲英國的內閣大臣，因爲直到現在還沒有一個盲人能進入內閣……

布羅迪突然有個想法：「要是把這些試卷發到同學們手中，讓他們看一看自己五十年前的願望，也許是一件很有意義的事。」他隨即在報紙上刊登了一則尋人啓示。不久，信件紛紛飛來。在這些同學中，有的成了政府官員，有的是學者，還有的是商人……當然，更多的是普通人。但他們都想知道自己兒時的志向。布羅迪一一按來信的地址把這些作文試卷寄了出去，只有那個叫大衛的試卷沒有人來索取。他想，這個學生也許已經離開人世，畢竟時隔五十年了！

就在布羅迪老師要把這些舊物處理掉時，他收到了內閣教育大臣布倫凱特的信。信中說：「那個名叫大衛的就是我，非常感謝您一直爲我保存著兒時的夢想。只是我已不需要那份試卷了，因爲從那時到如今，這個願望就深深印在我的腦海裡。」

★ 幸福啓示

志存高遠

只有志存高遠，才能牢牢記住自己所追求的目標，才能激勵自己不斷前進，才不會急功近利，否則就容易滿足而不能與時俱進。

名人與書

我們在悲痛時想從書中尋找安慰，結果得到的不僅是安慰，而且是深深的智慧，就像有人為了尋找銀子，竟然發現了金子。

——但丁

古希臘哲學家奧基尼斯嗜書如命，一生都坐在木桶裡曬著太陽讀書和思索。有一回，希臘帝王亞歷山大看見他，便問：「老先生，我能幫你做點事嗎？」他頭也沒抬一下，只冷冷地說：「站開些，別擋住我的陽光。」

一些名人與書的故事同樣爲人津津樂道。

吳晗「救書」。史學家吳晗的家不幸失火。大火撲滅後，院子裡堆著的大多是被搶救出來的書。有人問：「那麼多値錢的家具，你不搶，爲何專要這些不値錢的東西？」「書能使我變得聰明，跟家具比，它更値錢呀！」

聞一多「醉書」。著名詩人聞一多結婚那天，親友紛紛前來祝賀。等了好久還沒見新郎，人們都以爲他還在穿衣打扮。直到迎親的花轎到時，才有人發現他是在書房裡讀書，身上依舊是平時穿的那件舊長袍。家人說，他一看書就會「醉」。

劉紹棠「藏書」。作家劉紹棠愛好藏書，家中的十個書櫥裝不下，他便把書放進五斗櫥、大衣櫃和包裝冰箱的大紙箱裡。可還是裝不下，他就把書擺在床頭、牆角，甚至陽臺上。

侯寶林「買書」。相聲大師侯寶林幼時家貧，只上過三個月的小學。但他很喜歡看相聲方面的書籍，並不斷買來讀。一次，他在書攤上看到一本講表演藝術的書，戀戀不捨，可正好錢不夠了，便賣掉身上的一件衣服，把書買回來。

★ 幸福啓示

讀書是一生的功課

從一個人所讀的書可推知其思考模式。

魯迅說：「習學技藝，莫如讀書。」

讀書是一生的功課，一個人應當與有肝膽人的共事，懂得從無字句處讀書。

成功的欲望

生命之箭一射出就永不停止，永遠追逐著那逃避它的目標。

——羅曼・羅蘭

馬斯洛把人的需要歸結爲五個層次：生理的需要、安全的需要、歸屬和愛的需要、被人尊重與自尊的需要、自我實現的需要。我們也可以反過來說：一個正常的人應當深思自己最想要的是什麼？一個人惟有強烈的需求欲，才會成功。

有個年輕人問蘇格拉底，成功的秘訣是什麼？蘇格拉底要這個年輕人第二天早晨去河邊見他。第二天，蘇格拉底讓這個年輕人陪他一起走向河裡。當河水沒到他們的脖子時，蘇格拉底趁年輕人不注意，立即把他推入水中，小夥子拼命掙扎。蘇格拉底很強壯，把小夥子按在水裡，直到他快奄奄一息，才把他拉出水面。這時，小夥子所做的第一件事情，就是深深吸一口氣。

蘇格拉底問：「在水裡的時候，你最需要什麼？」小夥子回答：「空氣」。蘇格拉底說：「這就是成功的秘訣。當你渴望成功的欲望像你剛才需要空氣那樣強烈的時候，你就會成功。」

世界首富比爾．蓋茲在三十多年前，認眞說出「我要在二十五歲前賺到我的第一個一百萬美元」時，連相知極深的同窗好友都感到驚訝。

小學的蓋茲就展現出想成爲人中豪傑的強烈願望。四年級的時候，老師規定學生寫一篇四、五頁長的文章，他卻洋洋灑灑地寫了三十多頁；老師讓大家寫一個不超過二十頁的小故事，而他寫的故事竟有一百多頁。

★ 幸福啓示

擁有強烈的企圖心

沒有欲望就沒有成功。

成功就是：說你想說的話，去你想去的地方，當你想當的人，做你想做的事。

困境中的李陽

心隨朗月高，志與秋霜潔。

——李世民

中國大陸的「瘋狂英語」創始人李陽上中學時，表現並不理想。高三期間，他因爲對功課失去信心，幾乎自動退學，後來自新疆實驗中學勉強考入蘭州大學工程力學系，大學一、二年級時又多次補考英語。

英語學習的失敗，讓李陽陷入窘境。但他始終認爲，如果放棄，就等於承認自己不行。不，絕不放棄！一定要奮力一搏。敗有因，成有法。李陽放棄了傳統的方法，另闢蹊徑，從口語突破，並獨創性地將考試題變成琅琅上口的句子，然後脫口而出。他堅持每天早晨和晚上大聲誦讀。四個月過去，皇天不負有心人，李陽在該年大學英語四級考試中，一舉榮獲全校第一名的優異成績。同時，他也有了一個可喜的發現，就是每日朗讀英語能提高英語程度。

從此，李陽把學英語當成一種體力運動，堅持每日誦讀，他的英語水準再一次突飛猛進，並由此發明了「瘋狂英語突破法」。此後，李陽不斷推廣他的「瘋狂英語突破法」，練就了一口連美國人都難以分辨的道地美國英語。他配音的廣告在香港和東南亞電視臺大量播出，成了廣州著名的獨立口譯員、雙語主持人和美國總領事館文化處、農業處和商務處的特約翻譯，被譽爲「萬能翻譯機」，圓滿完成了各種大型國際會議、談判和外事訪問的口譯任務，還收到過美國外交委員會的特別感謝涵。一九九四年，李陽辭去工作，創辦了李陽·克立茲國際英語推廣工作室，全心投入「在中國普及英文、向世界傳播中文」的事業。

★ 幸福啓示

決心要強

有著強烈改變的決心，才能使自己迎向成功。

帶著試試看的心態去做事，你就無法全力投入。

還沒做就給自己想好了退路，大多都只會以失敗告終。

做什麼事只有兩個選擇：做，或者不做。

做前想清楚你所做的事，然後再考慮該怎麼做。

魚死的原因

生活越緊張，越能顯示人的生命力。

——恩格斯

古時候，日本漁民捕了許多沙丁魚，運到國外的市場去賣。人們把沙丁魚運到目的地後，大部分魚都死了。後來，有一個漁民，他的船跟別人完全一樣，偏偏他的魚每次運到市場仍活蹦亂跳，價錢自然比別人高出許多倍，沒有幾年，他便過起了好日子。

直到這個人去世前，他才把秘密告訴了自己的兒子：「方法其實很簡單，就是在盛沙丁魚的船艙中放進幾條鯰魚。沙丁魚和鯰魚生性好鬥，爲了對付鯰魚，便奮起反擊。這樣一來，沙丁魚的本能被充分激發起來，所以幾乎都活了下來。」

「那別人捕的沙丁魚爲什麼會死掉？」漁民的兒子問。漁民解釋說：「因爲牠們知道自己被捕了，無論如何都只有死路一條，生存的希望破滅了，所以在船艙裡過不了多久就死掉。」

現在，人們把這一觀念運用到企業管理中，便將這一法則稱爲「鯰魚效應」。

★ 幸福啓示

讓生命充滿活力

沒有壓力就沒有活力，
沒有活力就沒有動力，
沒有動力就激發不出潛力。
別歎息自己是一粒沙，置身蚌殼就會成珍珠；
別歎息自己是一滴水，投身江海就不會泯滅。
如果你還健康地活著，那說明未來還有希望；
如果你正向目標奮鬥著，那說明成功已不遙遠。

愛做模型的牛頓

疑而能問，已得知識之半。

——培根

英國著名科學家牛頓，年幼時的學習成績並不好，因爲他總是把該念書的時間，用來做一些奇怪的模型。一次，小牛頓模仿當時的水車動力推磨機，具體而細緻地製作它的模型。

第二天，小牛頓將模型帶到學校，向同學們炫耀。他興高采烈地在衆多同學面前，展示自己的水車推磨機。他的水車轉動得十分自如，引來同學羨慕。

正當小牛頓沈浸在自己的成就時，一名高年級學生突然問道：「你能不能說明一下，爲什麼水車能夠將麥子磨成細粉？你是根據什麼原理設計的？」

小牛頓被問得啞口無言，他只知道製作模型，從來沒有想過其中的道理。那個高年級學生見他無言以對，臉上露出鄙夷的笑容，輕蔑地說：「不知道它的原理，表示你最多只能算是一個手指靈巧的笨蛋！」一聽這話，小牛頓火冒三丈，迅速撲了上去，兩人扭打起來。由於身材瘦小，他不敵對方，一會兒就被打倒在地。

這次打架讓牛頓一輩子沒齒難忘。從此以後，無論遇上什麼事，他都會在心中先問爲什麼。也正因此，當蘋果落到地上時，牛頓才會思考：它爲什麼不往上掉，而要往地面落下？或許是他的多問，讓自己成爲一名偉大的科學家。

★ 幸福啓示

成功在嘴上

路在腳下更在嘴上，成功有時就是一個「問」字：

問別人可以迅速解決問題，問自己可以提升心智。

你不妨學一學這樣的提問方式：

這件事對我有什麼好處和機會？目前的狀況有那些不完善？要達成期望，現在該做什麼事？

行事的過程中有那些錯不該再犯？怎樣才能既達成結果又同時享受過程？

巴西總統的第一任老師

智者學之師也，才者學之德也。

——徐幹

出身平民而當上國家總統的人並不多。巴西二〇〇二年十月的大選中榮登總統寶座的人——盧拉，正是這樣的人。他只上過五年小學，十二歲去洗染店當學徒，十四歲當工人，五十五歲成了國家總統。當上總統後，盧拉曾到一個名叫卡巴的小鎮視察。當地小學邀請他爲學生上一節早讀課，盧拉領讀了一篇題爲《我的第一任老師》的課文。早讀課快上完時，班上一名盲童竟壯起膽問：「親愛的大鬍子總統，您的第一任老師是誰呀？」盧拉沈思了一會兒，便講了這樣一件往事：

記得跟你們一樣大的時候，我有一天放學回家，正準備開門，卻發現鑰匙不見了。當時，我的父母都外出，要到星期天才回來，這可把我急壞了。我繞到屋後，想爬窗而入，由於窗子從裡面鎖死，不砸壞它休想打開。忽然，我想到可以爬上屋頂，從天窗跳進去。正當我準備爬上去時，鄰居博爾巴先生問：「你在幹什麼？」「我把鑰匙忘家裡啦，門打不開。」我沮喪地回答。「你就不能想想辦法？」他又問。「我已經想盡了一切辦法。」我答道。「不會吧！」頓了頓，他又說，「至少你沒有請求我幫你。」他一邊說著，一邊拿出鑰匙，幫我把門打開了。我驚喜地問：「這是怎麼回事？」他回答：「你媽媽在我家留了一把鑰匙。」

「要是問我，誰是我的第一任老師，我想是鄰居博爾巴先生。這件事讓我深受啓發，一個人應當懂得以生活中的人為師。」盧拉說。

★ 幸福啓示

生活是最好的老師

人無一技之長，就很難有生存之路；而如果僅有一技之長，那生存之路自然狹隘。處處留心皆學問，生活是一本最好的教材。

黎巴嫩詩人紀伯倫說：

「我從饒舌者那兒學會了沈默，從偏狹者那兒學會了寬容，從殘忍者那兒學會了仁慈。對這些老師，我理當心存感激。」

沙子與寶石

人的能力需要不斷學習並加以培養，如同自然界的樹木需要不斷修剪方能成材。

——培根

有一個人以爲自己很了不起，但一直找不到工作，便以爲是天公和他作對。這個人悲觀起來，甚至來到海邊，想結束自己年輕的生命。正在這時，一位老人朝他走過來，主動和他談了起來。

「我爲什麼如此無用？堂堂男子漢，竟然連一份工作也找不到，你說我活著還有什麼用呢！」說著，這人便欲投身於汪洋。

「年輕人，請等一等，我讓你看一件東西。」老人一邊說著，一邊從沙灘上撿起一粒沙子，在年輕人眼前一晃，然後隨手扔在地上，「現在，請你把我剛才扔的那粒沙子撿起來。」

「這怎麼可能呢？沙粒太微小了。」年輕人說。

老人又從口袋中掏出一顆晶瑩奪目的寶石，也隨便扔到沙灘上，接著問道：

「你能否把我扔的那顆寶石撿起來？」

「這當然沒問題。」年輕人一彎腰，把寶石撿了起來。

「事情就是如此簡單，要知道你現在還沒有成爲一顆寶石，因此你不能要求別人馬上就肯定你。倘若你要別人欣賞你，那你現在最需要做的，就是想辦法使自己成爲一顆寶石。」

年輕人恍然大悟，謝過老人，便重新展開人生。

★ 幸福啓示

激發出自己的潛能

自知之明是認識世界的第一步，一個人不知道自己的無知，那就是雙倍的無知。

世界上最可憐的人是無知者，最可悲的是無知者硬要不懂裝懂。

人的才能潛伏在體內，而非別人手裡。

短線變長的最佳辦法

人有多少知識，就有多少力量，他的知識和能力是相等的。

——培根

這是我親身經歷的一件事，直到如今，我依然記憶猶新。

我剛開始在埃德．帕克的武館裡參加拳擊訓練。有一次練習，教練帕克要求我們進行對抗比賽。爲了彌補自身技術和經驗的不足，我試圖使詐，但我的詭計一下被對方識破，教練帕克見我連連挨打，眞有些著急。

訓練結束後，我很沮喪。帕克教練把我請到他的辦公室，屋子很小，稀稀落落擺著幾件家具。我剛一落座，帕克就問：「你爲什麼如此喪氣？」「因爲我得不了分。」我難過地回答。一想到自己試圖使詐的行爲，臉上不由得火辣辣。

帕克並沒有批評我，只是從椅子上站起來，拿一支粉筆，在地上畫了一條長五英尺的線，問道：「用什麼辦法才能把這條線弄短？」我認眞看了一會兒，說：「把線截成好幾段。」

「這不是最好的辦法。」他說著，又畫了一條線，長過第一條，「現在，你再看看，原來那條線怎麼樣了？」「短了。」我說。

帕克教練高興地點了點頭，說：「增長你自己的線，總比切斷對手的線要強。」

★ 幸福啓示

首先提升自己

你不能改變別人，只能改變自己。

要想戰勝對手，必須提升自我價值。

每個人都想得到最好的禮遇，對生活中所遇見的人，你要給予他們最多的敬意和關懷，並尋找他們最好的一面，虛心學習。

取長補短，是金子總會發光。

圓圈大了以後

愈學習，愈發現自己無知。

——笛卡兒

學生問他的老師：「爲什麼您有如此淵博的知識，還不斷想學習呢？」老師隨即拿起筆，在紙上畫了一大一小兩個圓圈，問學生說：「大的圓圈好比我的知識，小圓圈相當於你的知識，而圈外則是我們未知的領域，只有圓圈越大，你才會發現自己知道的領域越小。」

對於學習的重要性，我們還可以看這樣一個例子。北京大學辦一個講座，一名同學請教著名律師，怎麼樣才能成爲傑出律師。律師十分客氣地對他說：「先別討論這個問題，讓我給你講一個故事。我上大學時有兩個很好的朋友，一個畢業以後就去律師事務所工作，而另外一個則選擇繼續深造。他們畢業的時候都二十二歲，轉眼十年過去了，那個工作的同學已經成了小有名氣的律師，而繼續深造的同學也結束了學習生涯，跨入業界。

當他們都三十五歲的時候，這個三十二歲才成爲律師的同學已經和做了十三年律師的同學一樣的有名氣。可是到了四十二歲，也就是他們畢業後的二十年，前者由於十年深造積累的知識不斷地派上用場，事業更加蒸蒸日上；而後者卻受自己的學習所限，裹足難前，而日漸沈寂下來。現在不用我說，你們都知道如何做一名優秀的律師了吧！」

★ 幸福啓示

學習不知足

空心的麥穗總是揚著頭，豐碩的果實則是低著頭。

求知上不知足能使人睿智，財富上不知足會使人貪婪。

一個人應當以少學為恥，沒有知識又缺乏新的資訊，你拼得越賣力，失敗的可能性越大。

工欲善其事必先利其器，急功近利往往因小失大。

不要先富口袋而要先富腦袋，人生的成功是馬拉松賽而非百公尺短跑，前一百公尺領先者常常不是全程的優勝者。

杯滿自溢

一知半解的人，多不謙虛；見多識廣有本領的人，一定謙虛。

——謝覺哉

年輕人跟一位禪師學藝。過了一段時間，他覺得已經學夠了，便對師父說想下山。

禪師什麼也沒說，端起茶壺，朝年輕人面前的杯裡倒茶。茶杯已經斟滿，可是禪師還不停地倒。

這時，茶水從杯裡溢出，年輕人實在忍不住，就提醒說：「師父，別倒了！茶杯已經裝不下了。」

大師這才停住，同時意味深長地說：「是啊，裝不下了。人也一樣，想要向別人學習，獲得新的知識，必須把心裡清空，把大腦騰出來。空，並不等於無，而是等待滿滿裝載的準備。」

MBA教材中有這樣一個案例：某商場的老總每周都吩咐各部門主管去逛別人

的商場，要他們找出人家比自己強的一個地方。要是找不出人家的優點，輕則被扣獎金，重則會被辭退；如果在一家商場實在找不到優點，就去另一家。當然了，找到這些優點絕不是為了幫他們做宣傳，而是要把它們變成自己的優點。正因為如此，這家商場總是生意興隆，每天都人聲鼎沸。

★ 幸福啟示

把心靈清空

今天與昨天相比，我們往往只看到自己的進步，自己與別人相比，我們的速度可能就慢了。

有人問：從「〇」到「9」這十個數字哪個最大？回答「〇」者是對的。

清空心靈，一切從零開始，你才能容納新的東西。

虛懷若谷，凡事多向別人學習，你才會從渺小不斷壯大。

基督分才

不勤於始，將悔於終。

——吳兢《貞觀政要》

《聖經》有一個關於懶惰與才能的故事：

基督把才能分給三個人，但分法不一樣。第一個人得到了十種才能，第二個人得到五種才能，第三個人得到三種才能。

給了他們才能後，基督遠行到一個遙遠的國度。過了好長一段時間，他回來了，想問一問三個人在此期間各做了些什麼事。基督首先問第一個人。

第一個人回答：「尊敬的主，我利用這十種才能努力工作，現在已經有二十種才能了。」

基督聽了很高興，誇獎這個人說：「做得好，忠誠優秀的僕人，你很會利用我所賜的才能，我將獎勵你更多的才能。」

第二個人也同樣增長了自己的才能。

當問起第三個人時，這人不滿地回答：「基督，你給別人很多才能，卻只給了我三種，這不公平。而且，我知道你是嚴厲又殘忍的主，樂於不勞而獲，所以在這段時間裡，我什麼都沒幹。」

基督一聽，生氣地說：「你這個懶惰的東西，總愛抱怨別人，你將受到懲罰！」

基督於是取走了第三個人的才能，分給了前兩個人。

★ 幸福啟示

勤勞是金

見人活得好又看不慣，想過得好又不肯流汗。

勤勞補拙，懶惰卻傷志，思想的懶惰催生邪念。

懶惰是成功路上的阻障，懶惰跟堅忍不拔相違背，懶惰跟奮力拼搏相抵觸。

有苦勞才會有功勞，有耕耘才會有收穫。

一個人必須天天與惰性戰鬥，不要無所事事、得過且過，克服惰性、不斷進取才能靠近成功。

門的故事

現實是此岸，理想是彼岸，中間隔著湍急的河流，行動是架在川上的橋梁。

——克雷洛夫

我大學時，發生了這麼一件事。

那天早上的第三節課要到大教室去上。第二節一下課，同學們便朝大教室蜂擁而去，想占個位子。可是當大夥跑到門口時，才發現門沒開，於是紛紛抱怨起來：「怎麼搞的，讓我們白跑一趟，門卻沒開。」「就是，管理員怎麼還不來開門！」有個調皮的男生甚至說：「誰要是把門撞開，賞黃金萬兩。」同學們的議論聲此起彼落。

這時，老師向我們走來，見大家這麼愣著，便問：「門是不是還沒開？」「是啊，還沒開。」同學都爭著說。老師看看錶，也有點著急，便情不自禁地伸手推了一下門。沒想到門竟「輒」的一聲開了。頓時全場一愣，旋即一窩蜂的湧進教室。

這本是一件小事，卻使我想起了一則寓言故事：

一人迷路於山中，忽見一茅屋，於是喜出望外，可走近一看，門卻關著，不禁又大失所望。他就在屋前徘徊起來，左思右想，始終想不到開門的方法。走著走著，這人也累了，索性就迎門坐了下來。正在絕望之際，突然一陣大風吹來，門「吱」的一聲開了……

★ 幸福啓示

知行合一

南宋著名詩人陸游說：「紙上得來終覺淺，絕知此事要躬行。」

世界上最遠的距離，是在「知」與「行」之間；

生活中最大的無能，是你每次的猶豫、懷疑與懈怠。

知而不行是踐踏生命價值。

成功是知道後立即行動，而且是在最短的時間內採取大量的行動。

競爭的樹林

所謂天才，一半是因為他能把周圍的偉大都吸收過來而使自己更偉大。

——羅蘭

高僧玄奘法師當初進入法門寺後，一心想修煉成佛，可待了好久依舊是平凡的和尚。一天，有人對他說：「在法門寺這種名寺，優秀的人很多，想出人頭地是很困難的，你不如換個地方，投靠那些偏僻的寺廟，很快就能脫穎而出。」

玄奘認爲他說得有道理，就找方丈辭行。方丈知道玄奘會是個有前途的人，問明原因後，便對他說：「蠟燭與太陽哪個亮呢？」「太陽。」玄奘回答。「你是願意做蠟燭，還是太陽？」玄奘不好回答，考慮了好久後說，「做太陽」。「我帶你去寺後面的山上走走！」方丈說。

不久，他們來到一個山坡，見坡上稀稀疏疏長著幾棵矮樹。方丈問：「你知道這些樹爲什麼長成這樣嗎？」玄奘搖了搖頭。「在這裡，陽光充足，不乏雨露呀！」說著，方丈又帶他去了另一個地方，這裡，樹木繁茂，都長得又高又大。方丈又問：「你知道爲什麼這些樹長成這樣嗎？」玄奘還是搖搖頭。「這裡樹木衆多，是一個群體，每棵樹要想獲得充足的陽光，吸收更多的養分，就得拼命朝上長，結果都長得很好，這是競爭在起作用啊！」

方丈語重心長地說：「法門寺正如這片樹林，充滿了競爭；而那些偏僻的廟宇，就像山坡上的那幾棵樹，缺乏競爭，最終長不成蒼天大樹。」玄奘聽了，心頭火辣辣的。這時，方丈關切地問：「你現在還走嗎？」「師父，弟子明白了，我再也不離開了。」

★ 幸福啓示

與強者為伍

經常與強者在一起，你就能學到成功的法則與成功者的特質；

跟冠軍在一起，有一天你也會成為冠軍；

與普通人在一起，你只會被同化。

如果在你的交際圈中，你是最成功的一個，那你就不會更成功了。

四、從「心」開始

如果你想成功，就應劈出新路，而不要沿著過去成功的老路走……

即使把我身上的衣服剝得精光，一個子兒也不剩，然後把我扔在撒哈拉沙漠的中心，只要給我一點時間，並且讓一支商隊從我身邊經過，要不了多久，我又會成爲一個新的億萬富翁。

——洛克菲勒

物換星移，好事多磨，光明不會永遠光明，得意不會永遠得意，我們要自信，但不要自以為是，上帝不想寵壞任何人。如果一味沈浸在過去的經驗中，如果一味守在過去的思維裏，上帝會隨時隨地唾棄你。

——鄭雅心《我與世界企業巨頭的對話》

點亮心燈

以思想和力量戰勝別人的人，我並不稱他們為英雄，只有以心靈使自己更偉大的人，我才稱之為英雄。

——羅曼・羅蘭《先驅者們》

據說，德山禪師在還沒有得道之時，曾跟隨龍潭大師學習，龍潭讓德山首先熟讀經書。不久，德山對日復一日的誦經苦讀有些厭煩了。

一天，他告訴師父：「我是師父羽翼下正在孵化的一隻小雞，就等著師父早一天從外面啄破蛋殼，讓我儘快破殼而出啊！」

龍潭大師一聽，笑了：「要知道，被別人破殼而出的小雞，是沒有一隻能活下來的。母雞的羽翼只能提供小雞成熟和具有破殼能力的環境。如果你突破不了自我，就無法生存。因此，你不要指望爲師能給你什麼幫助。」

師父的話讓德山滿臉尷尬，他本還想說幾句，可龍潭接著說：「時候不早了，你也該回去休息了。」德山只得跟師父道別。當他撩開門簾時，外面黑得伸手不見五指，急忙轉身說：「師父，外面太黑了。」龍潭便給了他一根點燃的蠟燭。他剛接過來，蠟燭就被龍潭一口吹滅，德山大吃一驚。龍潭開示他說：「如果你心頭一片黑暗，那什麼樣的蠟燭也無法將其照亮！即使我不把蠟燭吹滅，也會被一陣風吹滅的。一個人唯有在心裡點亮一盞燈，世界才會一片光明。」

德山聽後，如醍醐灌頂，連忙拜謝恩師，後來果然青出於藍，成了一代大師。

★ 幸福啓示

做個真「心」英雄

人應當這樣掌握自己的心：

工作時，你的心是顆螺絲釘；玩樂時，你的心是隻彩蝶；

進取時，你的心是把槳；思考時，你的心是火花；

夜行時，你的心是盞燈；索求時，你的心是張網；

奉獻時，你的心是根蠟燭；關懷時，你的心是座溫泉；

愛人時，你的心是罐蜂蜜；成功時，你的心是朵開放的花。

差距何來

我們這一世代最偉大的發現，就是凡能變更心境者，就能變更生活。

——威廉・詹姆士

有甲、乙兩個鄉下人，決定到外面的世界去闖一闖。但是去哪裡好呢？甲聽說北方人淳樸，看見吃不起飯的人，又給饅頭又送舊衣服，在那裡就是賺不到錢，也餓不了，凍不著，於是去北方。乙得知上海人精明，問路都要收費，到那裡錢好賺，因此去上海。

後來，他們的命運怎麼樣了呢？甲向來得過且過，無多大憂慮，五年後月收入不足一千元；乙什麼都肯幹，從清潔工做起，一步一腳印，五年下來已做到了月收入上萬元的銷售經理。

對此，有人把他們的思考觀念做了一番比較：

乙認爲，市場經濟是風險經濟，對一件事，只要有一%的希望就要去闖。甲認爲，做一件事起碼得有九十%以上的把握，最好是有一〇〇%的希望。乙認爲，經營應以攻心爲主。甲認爲，從眼前考慮，只要有機會，先撈一把再說。乙見人充分展示自己的優勢，甚至有點言過其實。甲見人愛訴說自己的貧窮和無奈，說得多，幹得少，抱怨的多。乙對錢永不滿足，錢是越多越好。甲隨遇而安，夠吃就行了，要那麼多錢幹嘛？乙認爲，腦筋一換就有錢，沒有就會想方設法去賺。甲認爲，手中無錢萬事難，等有錢再做。

★ 幸福啓示

以變應變

用不著為貧窮嗟歎，觀念落後才是最大的貧窮。

對待變化有三種態度：

一是消極地以不變應萬變（差距越來越大），

二是積極地以變應變（始終有差距），

三是掌握主動權，以變制變（領先一步）。

登山捷徑

一個自命為從不改變主張的人，是個永遠走直線的人，也是相信自己永遠正確的大傻瓜。

——巴爾扎克《高老頭》

兩個酷愛登山的人來到一座曾經攀登過的高山，打算舊地重遊。兩人順著當年行進的路線走，山迴路轉，進入一條羊腸小道，這是他們曾走過的捷徑，可以縮短一半的行程。

不久，他們遠遠看到岔路前豎立著一塊告示牌，寫了幾個大字：前方道路不通，登山者請改道。其中一人看了看那告示牌，說：「我們還是走另外那條路吧！」另一個搖頭說：「不，就走這條近路，我清楚記得上次我一個人來的時候，也有這個告示牌。憑我們登山的本事，就算此路不通，也可以開出一條新路來，沒有必要走遠路。」

就這樣，兩人順著捷徑努力往前趕，果然一路順暢。那位堅持要走捷徑的旅人邊走還邊炫耀：「你看，我說的沒錯吧！這條路眞是好走。」

正當他得意忘形之際，眼前出現一條深不見底的山溝，而唯一橫跨懸崖的吊橋，卻因爲年久失修斷裂成兩截，正迎著強勁的山風搖晃，似乎在向他們示威。

眼見距離峰頂剩下不到幾百公尺的距離，兩人無法越過那道又寬又深的山溝，只好搖頭興歎，轉身往回走。等他們筋疲力盡地回到原先那面告示牌，兩人不由得睜大眼睛。只見告示牌的背面，寫著幾個朱紅大字：笨蛋，歡迎再回來！

★ 幸福啓示

太陽每天都是新的

過去只能代表過去，現在卻能造就未來。

沈浸在昨日，表示你現在一點都沒前進。

老是大談昔日，只會讓人膩煩你的陳詞濫調。

太陽每天都是新的，你的思想得不斷求新。

「劣」勝「優」汰

如果知道我們現在置身何處，並多少知道我們是如何到達這裡的，就可以看出我們將走向何處——如果我們正走向不可接受的結果，就應及時改變方向。

——（美）亞伯拉罕・林肯

有這樣一段動物紀錄片：

非洲大陸時值夏日，正遭遇一場旱災，一群可憐的鱷魚陷在水源快要斷絕的池塘中，較強壯的鱷魚已經開始啃食同類了。

就在這時，奇怪的事情發生了！一隻瘦弱的小鱷魚竟然挪動困乏的身體，離開了快要乾涸的水塘，緩緩邁向未知的遠方……

乾旱持續著，池塘的水愈來愈稀少，最強壯的鱷魚已經吃掉不少同類，剩下的鱷魚看來是難逃被吞食的命運。牠們仍在頑強地掙扎著，不願離開這塊對牠們來說，恰似天堂的故土。在這群鱷魚的心目中，棲身在混水裏，即使被吃掉，也總比離開、走向完全不知水源在何處的地方還安全些。

陽光似乎跟鱷魚作對，池塘終於完全乾涸了。這隻強壯的鱷魚直到生命的盡頭，還死守著那殘暴的王國，在吞掉最後一條奄奄一息的鱷魚後，也不耐饑渴而死去。

那隻勇敢離開的小鱷魚怎麼樣呢？是不是也命歸西天了呢？上蒼也有慈善的一面，經過幾天的跋涉，幸運的牠竟然沒有死在半途，而是在乾旱的大地上，找到了一處水草豐美的綠洲，活了下來。

★ 幸福啟示

生活從「心」開始

瑞典格言說：「我們老得太快，卻聰明得太遲。」

生命的弱小與強大，生活的單調與亮麗，人生的痛苦與幸福，都緣於人的心境。

有時不妨換種活法到別處去尋找夢想。樹挪死，人挪活。

擺脫自己依賴慣的人或事，將啟動原本就在你生命中的潛能，發現並認識新的領域，帶給你巨大的啟發和成長。

錯位

許多人一輩子都在釣魚，卻始終不知道他們要的不是魚。

——亨利・大衛・梭羅

佛經裡有這樣一個故事：

年輕人到池塘邊玩耍，見水底閃閃發亮，不由得高聲叫道：「啊！這裡有一塊金子。」他「撲通」一聲跳到水中，想把金塊撈上來。但是任憑他怎麼撈都撈不上來。這下，水被弄渾了，他只好拖著精疲力竭、又髒又濕的身子爬上水塘歇一會兒。沒多久，水變清了，年輕人又急不可待地跳入水中，再次打撈起來。可是他使盡九牛二虎之力，還是沒得到金塊，便坐在塘邊，看著水池發呆。

父親見兒子呆坐在水池邊，身上濕淋淋又髒兮兮，很是吃驚：「你在幹什麼呢？竟弄成這個樣子。」「爸，我明明看見水中有塊金子，可是兩次下水，翻遍了整個池塘，竟然沒找到。」父親順著兒子指的方向看過去，果然有塊像金子一樣的東西，便認眞看了一會兒，認定那是金塊的倒影，金塊肯定是在樹上。他抬頭一看，果眞沒錯，於是高興地說：「孩子，你到樹上去把它取下來吧！我想一定是鳥兒銜來的。」

兒子便爬上樹，把金塊拿了下來。父子倆高高興興地回家去了。

★ 幸福啓示

知「足」常樂

一個人應當去除混沌心，否則人生就會亂做一團。

人貴有自知之明，我們應當這樣理解「知足常樂」：

一是知所立足，知道自己現在的位置及環境，不懂天時、地利肯定會打敗戰；

二是知所方向，明白自己前進的方向，南轅北轍只會走入人生的泥沼；

三是知快一步，人生的成功便會搶佔第一，慢一步的人連爭第二都很辛苦。

誰比誰強

除了掌握自己的事以外，最重要的就是明白別人在做些什麼。

——洛克菲勒

有兩位從事同業的公司總經理，一同去森林漫步。就在兩人走入密林深處時，突然聽到一隻大灰熊吼叫。熊發現了他們，正喘著粗氣追過來。

就在這緊要關頭，其中一人迅速從背包取出一雙運動鞋換上。另一位經理見了，便說：「你以爲你跑得過熊嗎？」

「我可能跑不過熊，但肯定能跑得過你！」

身爲企業的領導人如果眼光失準，市場定位不佳，將會在激烈的競爭中敗給對手。

某條街上有三家賣同樣東西的商店。他們比鄰而居，不時都在競爭。爲了招攬顧客，有一家商店打出了自己的廣告：「本市最好、最廉價的商品。」此舉立即吸引大批顧客前來購買。

隔壁的商店也不甘示弱，立即掛出更響亮的招牌：「全國最好、最廉價的商品。」這一下，客人如潮水般的湧向這家商店。

這可把第三家商店急壞了，他們想出了一句通吃的廣告：「這條街上本店最便宜！」

話說到這裏，高下已不言可喻了。

★ 幸福啓示

定位高遠的目標

在這個充滿競爭的社會中，若不認清自己的競爭目標，只會「死不瞑目」。

競爭如下棋鏖戰，高手一眼能看出好幾步棋，低手只見一兩步；

高手目標高遠並能執著向前，低手著重眼前卻困惑於目前，因而常遭遇失敗。

破格出英雄

打破不合理的體制是在冒一個大風險，但不打破它則是在冒一個更大的風險。

——佚名

國際大導演張藝謀回想一九七八年發生的一件事，改寫他的一生。那年，北京電影學院正式宣佈恢復招生，這對愛好影藝的人來說，無疑是一個好消息，報名情況十分踴躍。招生辦公室裡，錄取審核作業如火如荼的進行著。突然，攝影系主任和幾位教授被一本攝影集吸引住了。他們仔細端詳，左右斟酌，只見影集上的作品，無論是風景、人物，還是靜物、生活場景，拍得特別有味道。顯然，他們是看到了一塊才華橫溢的璞玉。

「可惜呀，他的年齡超過規定了！」主任感歎。「超過了多少？」一位教授不禁關切地問。「按規定是二十二歲以下，可是他已經二十八歲，超過太多了！」

「這個人叫什麼？是哪裡來的？不能爲他破例嗎？」教授們很是惜才，又不停地追問。「陝西人，名叫張藝謀。」主任搖了搖頭。

這年的招生工作很快就要截止，許多通知書紛紛發了出去。此時最著急的，要數那些關心他的人了。或許是天無絕人之路，當時的文化部及時下達指示，表示這年優秀考生很多，為了國家電影人才的培養和事業的發展，可以適當擴大錄取名額，若發現像張藝謀那樣特殊的攝影人才，希望能夠破格錄取。終於，張藝謀走進了嚮往已久的藝術殿堂。

★ 幸福啟示

破格是一種積極的應變

一個人既要以寬容的心迎接一切變化，又要以堅定的信念保持既定的準則，二者的完美結合才能鑄就成功人生。

拒絕變化會被瞬息萬變的時代遺棄，而對變化的適應不該以犧牲原則為代價；隨波逐流會在生活中迷失方向，但對原則的信守也不以封閉為導向。

對於優秀人才的破格，是一種積極的應變，必定會有驚喜的收穫。

「1」的遊戲

打破常規的道路是指向智慧之宮。

——布萊克

一次，我和好友們聚會，大家玩得都很開心。閒聊中，突然有朋友提議跟大家玩一個遊戲。

那個朋友問：「用兩個阿拉伯數字『1』能組成最大的數是多少？」他的話一說完，大夥便迅速回答「十一」。「那麼，三個『1』能組成最大的數是多少呢？」「一百一十一。」大家不假思索地回答。

只見朋友微微一笑，又接著問道：「由四個『1』能組成的最大數是多少？」這回，大家仍然很快地回答：「一千一百一十一。」「錯了！」朋友一聽，笑出聲。大夥愕然。過了一會兒，朋友說：「現在，我告訴你們正確答案是十一的十一次方。」大家這才恍然大悟。

「請大家思考一下，自己爲什麼會答錯了？」你們直覺回答說一千一百一十一，這是大家習慣於『類推法』，用習慣來解決同類或相似的問題，用現在一句時髦的話講，就叫『慣性』。一個人若不能突破思維的慣性，就像這種猜數一樣，容易出錯。」

★ 幸福啟示

打破固定思維

每個人都難免會有一些沿用已久的成規，
有時甚至對它們視而不見，卻奉行不渝。
規則並非壞事，但視所有的規則為天經地義就會誤事。
只有摒棄常規才能解決不少棘手的問題。
開放的胸懷與思維，會讓人們看到更多的可能性，
人的命運也可能因此全然改觀。

蘋果的故事

不斷尋求新的途徑，從長遠來看絕非投機。

——霍英東

生活中，許多人都怕犯錯誤。事實上，一個人的錯誤，有時恰恰會成爲另一個人正確的先導。

有一天，上幼稚園的兒子回到家，急匆匆跑到我跟前，嚷著要向我講述幼稚園裡的新聞，說是他又學了新的東西，想在我面前表演一下。兒子鑽進廚房，拿出一把水果刀，又從冰箱裡取出一個蘋果，對我說：「爸，我想讓你看一看裡頭藏著什麼東西。」「兒子，爸爸知道裡面藏著什麼。」「爸，還是讓我切給你看吧！」說著，兒子把蘋果切成兩半。「兒子，你切蘋果的方法錯了。」

衆所周知，蘋果的正確切法，應該是從蘋果的蒂頭切到底部凹窩的地方。可他呢？竟然把蘋果橫放著，攔腰而切。

這時，兒子興沖沖地把切好的蘋果伸到我眼前，說：「爸，看看，裡頭有顆星星呢！」

的確，從橫切面看，果核裡頭眞的有個清晰可見的五角星狀物。這時我不禁感歎，自己一輩子不知吃了多少個蘋果，每次都是規規矩矩按正確的方法把它們切成兩半，我從來沒有想過，蘋果裡頭會藏著什麼樣的圖形，自然就不會有什麼新的發現！可是，就在這一天，我兒子把這一切法帶回家，改變了冥頑不化的我。

★幸福啓示

思維要多元

長久用一定的方法來辦事，會跌入慣性的軌道，因而失去發現其他可能性的驚喜。

習慣於憑經驗行事，會在多變的現實面前措手不及。

你一時會擁有一些東西，但沒有一件永遠屬於你。

生命好比旅行，走不一樣的路，可能會曲徑通幽。

坐計程車的感想

事物本身並沒有改變，而是你變換了觀察它的角度，就這麼回事。

——卡羅斯．康斯坦丁

身爲上班族大軍的一員，我每天的交通工具就是汽車，在這擁擠的大城市，交通堵塞是家常便飯。有一次塞車時，我的車一路領先，順利闖過許多關。突然，嘎的一聲，車猛地停住，刺眼的紅燈高高亮起。「眞倒楣，不知又要等多久！」我歎道。另一次塞車時，我的車被排到了車陣的尾巴，已經原地踏步很久。突然，可愛的綠燈亮了，汽車開始緩慢爬行。可是好「景」不長，燈號一下又換了。眼看前面的車都過去了，「眞是的，要是綠燈再亮一秒，或者我手腳快一下，那就過去了。」咦，慢著！待會兒綠燈亮的時候，我不是第一個先過去嗎？我忽然明白了這個道理，不由得回頭看了看，車陣隊伍如長長的河流，「一個人開不開心、快不快樂，完全在於自己看事情的角度呀！」

凡事都有兩面，就看自己從什麼角度去看待。一位老師進了教室，用毛筆在一張潔白的紙上點了一個點，問學生：「這是什麼？」大家都異口同聲說：「一個黑點。」老師故作驚訝地說：「只有一個黑點嗎？這麼大張的白紙，大家都沒有看見？」

親愛的朋友，你看到的是什麼呢？每個人都有一些不可避免的缺點，你看到的是哪些呢？是否只看到別人身上的「黑點」？要知道，每個人必然會有許多優點，換一個角度去看，你將會有更多的新發現。

★ 幸福啓示

換個角度

美國聾啞女作家、教育家海倫・凱勒說：

「當一扇幸福的門關上，另一扇會打開。但我們只會盯著那扇關著的門。」

下棋時當局者迷，旁觀者卻看得清清楚楚。

有時我們不是由於「雲深」而不識泰山，而是緣於置身在「此山中」。

人生需要有抬頭看路的醒悟，生活離不開腦筋急轉的思維。

五、穩住陣腳

沒有熱情，世界上沒有一件偉大的事情能夠成功。

——黑格爾

每天早上，非洲羚羊睜開眼睛的第一個念頭就是：如何使自己跑得比獅子還快，否則牠便成為獅子的美餐。

每天早上，非洲獅子醒來的第一個意念就是：如何讓自己跑得比羚羊還快，否則自己就可能被餓死。

你是羚羊還是獅子並不重要，重要的是，當太陽一升起，你必須為生命奔跑。

——「世界第一飛人」格林的座右銘

假如你被裁員

一個人應當端莊持重，隨機應變，不讓那些倒楣事情落到你頭上。

——斯莫萊特《藍登傳》

如今，企業裁員已是司空見慣的事情。但很多人對此措手不及，顯得很被動。面對危局，我們能做什麼呢？

及時出拳。小王從同事口中得知自己要被裁掉，當晚失眠了。想起自己兢兢業業地爲公司拼命，他很不甘心，怨老天爺怎麼讓老實人吃虧呢！小王想來想去，決定把自己兩年來的工作業績寫成書面報告，兼而適當地突顯一下自己的長處。他把報告製成兩份，分別交給部門主管和人事處處長。結果，上司認爲他很有策劃能力，便把小王調來做企劃。

化被動爲主動。從事裝潢設計的小明近來聽到一些風吹草動，知道自己的名字上了黑名單，於是找經理談話。經理向他道歉，說自己沒經營好，能得到小明的理解和支持，他很感動，便預付了小明一個月的工資作爲補償，同時爲小明爭取到幾件案子。而後來那些被裁掉的人，什麼補償也沒有。

敬業精神不可丟。有人說，裁員是大浪淘沙。爲了保證企業的正常營運，公司又把裁員當做大事一把抓，大家便亂了起來，紛紛打著自己的小算盤。有的想混水摸魚，占點公司的便宜；有的請假私下去參加各種面試；有的託人找關係，設法不被裁掉；有的純粹是混日子。對此，主管也是睜一隻眼，閉一隻眼。然而，有個女職員跟衆人不同，始終按時上下班，認眞做好每一項交接的工作。結果，許多比她業務能力強的人被刷掉了，留下來的她憑自己的努力，現在已經坐到了集團專案經理的寶座。

★ 幸福啓示

職場「十大快樂之本」

瞭解自己為紮根之本，自信自愛為出征之本，充分準備為取勝之本，多交朋友為增力之本，左右逢源為省時之本，勇於表現為機會之本，知書達理為印象之本，細心聆聽為聰明之本，保持本色為做人之本，每天努力為發展之本。

新的開始

工作就是人生的價值，人生的歡樂，也是幸福之所在。

——羅丹

小張的公司每天都要打掃。那天恰恰輪到小張值日，然而他遲到了。等他匆匆趕到辦公室，一位新同事正在幫他打掃。這位新同事把窗臺上的幾盆鮮花一一挪開，把落在窗臺上的花瓣和葉子清掉，然後把擺放花盆的窗臺擦得纖塵不染。

看她這麼一絲不苟，小張有點感動，但也竊笑她太認眞了，一直以來，就沒有誰會像她一樣。這時，新同事把花盆放回原來的位置，竟又掀起窗簾，擦起那扇從不打開的窗子，窗子上已經沾滿了極厚的一層灰塵。小張很是吃驚，因爲這扇窗子是從來不打開的。他急忙說：「行了，可以了，別費事了，這一面看不見，沒有人會在乎它乾不乾淨。」「我會在乎的。」她一邊擦著，一邊溫和地說。

那是他們公司的艱難時期，許多人都離開了。老實說，還有誰會像她那樣對一個小角落如此認眞呢？她在自己的日記裡這樣說：「一個人應當有一種『自尊』，絕對不能對工作採取隨便應付的態度。我的工作不單單是爲了得到別人的稱讚，更重要的是，哪怕有一點不充分，我就無法心安理得。」

★ 幸福啓示

熱愛你的工作

測驗人品有一個標準——工作時，是否具有忘我的精神。

工作是一個人人格的表現，

工作就是我們的志趣和理想，

是「真我」的外部寫真。

尊重並熱愛自己的工作，工作是你生命的投影。

你是你事業的中心，你的同事是他自己王國的國王。

松下幸之助求職

命運，不過是失敗者無聊的自我安慰，不過是懦弱者的自我解嘲。人們的前途只能靠自己的意志、自己的努力來決定。

——茅盾《幻滅》

在日本，成功的故事不勝枚舉，而松下幸之助是其中的典範，他被世人讚譽爲「經營之神」，他的故事可以寫好幾部書。有一則他早期求職的事，事情雖小，卻能投射出他的人生觀。

一天，松下幸之助到一家電器廠求職。電器廠的主管見他個頭矮小、衣著隨便，便直截了當地對他說：「我們這裡不需要人，過一個月再說吧！」

電器廠的主管本想以此拒絕他，萬萬沒想到一個月之後，松下幸之助又來了，而且還特別換了一身新裝。主管還是不想錄用他，於是委婉地拒絕說：「實在抱歉，你不太適合我們公司的工作，因爲你的電腦知識太少了。」

松下幸之助並沒有灰心喪氣，回家後立刻買了許多電腦書籍，一心一意地讀起來。兩個月過去了，他再次來到那家電器廠，對主管誠懇地說：「現在，你不妨檢驗一下我的電腦知識。」主管隨便問了一些，見他對答如流，很是感動，於是說：「我幹這一行幾十年了，以前從未看到過像你這樣找工作的，眞是佩服你的耐心和意志。我一定向經理推薦你。」

電器廠的經理被松下幸之助這種持之以恒、永不言敗的精神感動了，答應錄用他。

★ 幸福啓示

善待不如意

人生在世難免會有不如意，其實不如意未必就是壞事，

它可以提升人的意志，可以清醒執迷者的頭腦；

而且不如意也只是一時，在一定條件下還能轉化。

假如總是一帆風順，那你更須要小心謹慎，

說不定突起的人生風浪，會讓你驚慌失措。

有害無益的提升

夫運籌帷幄之中，決勝千里之外，吾不如子房；鎮國家，撫百姓，給餉饋，不絕糧道，吾不如蕭何；連百萬之眾，戰必勝，攻必取，吾不如韓信。三者皆人傑，吾能用之，此吾所以取天下者也。

——劉邦

一家電腦軟體公司的總經理，由於公司經營效益不好，就要被解雇了，但一名為他工作的程式設計師開發出新的軟體作業系統，投入市場後大發利市，使得公司營運轉危為安。總經理保住了職位，很感謝這位設計師，想將他提升為部門經理。沒想到這位設計師馬上謝絕：「我天生就是做程式設計的料。萬一提拔我當經理，我只會浪費大家的時間而一事無成。看，我手頭還有程式要做，我現在可以回去工作了嗎？」

有位女孩大學畢業後來到一家很有實力的公司工作。然而，她感到很自卑，因為公司裏藏龍臥虎，而她的工作不過是擦桌子、接電話、影印等簡單瑣碎的工作，那些博士和碩士們很少拿正眼瞧她一下。女孩每天坐公車回家，她會事先準備好零錢，可有好幾次不巧找不到零錢，不得不把已踏上車門的腳收回來，急忙到附近換錢，再等下一趟車。

如今，一元錢算什麼呢？但有了它，乘公車方便又順心。人才就像這面值不等的錢幣，面值是一種「價值」，找到一個「合適」的「投幣口」，也是一種價值的優勢。一元很難買到價值百元的商品，但對於只需花十多塊錢就能坐的公車，不管投一百元還是五十元，都是傻瓜。一個人就是要被用到合適的崗位上。

★幸福啟示

人才用錯了是垃圾

管理是讓人做事的藝術，應當把人放在合適的位置上，人才擺放錯了地方就是垃圾。

給每個人表現的機會，讓能人脫穎而出；

給能人挑戰性的工作，讓他既有動力也有壓力；

和能人多交流，引導他少說話多做事，讓他的能力有更大的施展空間。

眞正要解決的問題

真正的問題不在於你比過去做得更好，而在於比你的競爭對手做得更好。

——唐納德·克雷斯

微軟公司的面試出現過一些經典的問題：爲什麼下水道的蓋子是圓的？給你一個非常困難的問題，你將怎樣解決它？兩條不規則的繩子，每條的燃燒時間爲一小時，請在四十五分鐘內燒完兩條繩子。這些問題看起來不太好解決，而且也不是你能用「正確」的答案解決完事，微軟的考官想知道的是：你是否具備創造性的思考能力，從而找到最好的解題方法。

《舊約聖經》講過這樣一個很有趣的故事：

有個巨人總是欺負村裡的孩子。後來，村裡來了一個牧羊人，他只有十七歲，是來看望他的親戚的。親戚們把巨人傷害孩子的事告訴他，男孩立即問道：「你們爲什麼不起來和巨人作戰？」他們一聽，可嚇壞了，慌慌張張地說：「你眞是糊塗呀！難道你不知道他那麼大，我們怎能打倒他呢？」「才不是這樣呢！他不是太大讓我們打不了，而是太大，自己逃不了。」男孩說。後來，這個年僅十七歲的男孩瞄準巨人的弱點，用一個投石器就把他殺死了。

確實，生活中的不少問題，只有知道其關鍵所在，才能圓滿解決。美國建設摩天大樓時遭遇這樣一個問題：蓄水塔裡的水，怎樣才能安全分配到各樓層的水管？要知道，由於地心引力的關係，管中的水壓足以壓裂水管和牆壁。聰明的建築師們在二到五樓之間安裝了一個減壓器，問題便迎刃而解。

★ 幸福啟示

比競爭對手更強

困難並不可怕，怕的是你沒有面對它的勇氣。

遇到困難時沈著冷靜，才能發現真正的問題。

如果被假問題迷惑乃至嚇倒，就不能找到解決之方。

你需要的是理清頭緒，找出問題的突破口；

你需要的是打破成規，用新方法解決新問題。

長達二十多年的「彌留期」

故天將降大任於斯人也，必先苦其心志，勞其筋骨，餓其體膚，空乏其身，行拂亂其所為，所以動心忍性，增益其所不能。

——孟子

現實生活中，一個人追求的目標層次越高，可能受到的挫折也就越大。我們在爲自己的人生目標奮鬥時，難免遭到種種困難的打擊。

法國著名作家巴爾扎克一生就遇到不少困難。一次，他心臟病嚴重發作，問醫生：「我還能活半年嗎？」醫生搖搖頭。「至少六天總可以吧！我還可以寫個提綱，把已經出版的五十卷校訂一下。」醫生的回答是：「你還是馬上寫遺囑吧！」面對無情的病魔，巴爾扎克每天工作十二至十四小時，把醫生認爲六天都不到的「彌留期」延長了二十多年。當他離開人世時，留下由九十六部中長篇小說組成的雄偉史詩——《人間喜劇》，成了世界文學寶庫中的經典。

據說，他有一根普普通通的手杖，那上面卻有他勇敢面對每一次失敗的神奇魔力。一生坎坷的巴爾扎克以堅決不向命運低頭的氣概，在自己的手杖上刻了這樣一句話：「我粉碎了每一個障礙。」這句話始終激勵著巴爾扎克，克服重重困難，以不屈不撓的毅力一生奮筆勤耕。

★ 幸福啟示

戰勝自己弱懦的一面

每個人都有自己的夢想，每顆心靈都有一雙翅膀；

找對了方向就別怕困難，你一定要勇敢地去飛翔。

不要害怕失敗的考驗，風雨過後，天總會晴；踮起腳尖，就會更靠近太陽。

樹立一個堅強的信念，戰勝自己懦弱的一面，實現自己的理想。

阿來落定塵埃

惟有進入深淵，我們才會尋回生命的寶庫。你跌倒的地方，正是寶庫的所在地。你最害怕進入的洞穴，正是你探索的源頭。

——約瑟夫．坎貝爾

《塵埃落定》是一部轟動中國和世界文壇的長篇小說，愛好文學的人對它不會陌生。其作者阿來經過十年的醞釀，遇到不少挫折，他跑了三十多家出版社，沒有一家肯爲他出書。阿來痛苦極了，覺得多年辛苦竟然換來如此難堪的局面，眞是不值。他把書稿扔到一邊，不再想這件事情。

過了一段時間，朋友給他帶來一個消息：人民文學出版社的一個編輯請他把書稿送去。可阿來一點興趣也提不起來。他說，那麼多出版社都不肯接受，像人民文學出版社這樣赫赫有名的單位，根本就不可能青睞，他是一點希望也沒有，不如算了。

朋友勸道，反正你也失敗了那麼多次，就算再失敗一次又怎麼樣呢？給他們送去，對你也沒損失，還是去碰碰運氣吧！放過機會，你會後悔的；努力過而沒有成功，你至少不會感到遺憾，還是去吧！

經過朋友苦口婆心的勸解，阿來終於送去書稿。他根本沒想到，編輯看後拍案叫絕，竟然同意出版了！他也沒有想到，出版後竟會轟動文壇！他更萬萬沒有想到的是，小說獲得了中國大陸文壇的最高獎項——茅盾文學獎，而且先後用十四種文字出版，讓他一下子成了千萬富翁！

★ 幸福啟示

失敗是暫時的停頓

求索是一個艱難而又痛苦的歷程，人生的成長是不斷失敗後的前進。

梅花香自苦寒來，寶劍鋒從磨礪出。

越是在痛苦失意時，越要自我肯定。

失敗是成功路上暫時的停頓，坎坷只是提升我們的臺階。

困難是懦者的絆腳石，卻是勇者的試金石。

害怕失敗而不去嘗試，就真的失敗了。

扮演蜜蜂角色的迪士尼

這裡安葬著一個人，他最擅長的是，把那些強過自己的人，延攬到他的團隊。

——「鋼鐵之父」卡內基的墓誌銘

二十世紀，美國有兩位才華橫溢的畫家，一是以建立迪士尼樂園著稱的華德．迪士尼，另一位是以創造史努比卡通人物著稱的查爾斯．舒茲。他們倆都很受世人歡迎，分別有著不同的人生觀和處世哲學，只是迪士尼先生去世得較早。

但相較而言，迪士尼對世界的影響要大一點。查爾斯．舒茲一生都在畫畫，迪士尼很早就不畫了，這是他們的最大差別，也由此決定了不同的人生命運。

一天，有個小朋友在迪士尼樂園遇到迪士尼先生，便問：「迪士尼先生，這些卡通都是您畫的嗎？」「小朋友，我已經很久沒有親自畫卡通了。」迪士尼先生回答。「那麼，園中的這些遊樂設施，是您設計的嗎？」小朋友又問。「不，這些遊樂設施都是公司裡的同仁設計的。」迪士尼先生微笑著回答。「迪士尼先生，您既不畫卡通，也不設計遊樂設施，那您在幹什麼呀？」小朋友吃驚地問。

「我在扮演蜜蜂，專門進行傳花授粉的工作。」迪士尼先生幽默地答道。

確實，在畫卡通出名以後，他就放下畫筆，四處網羅優秀人才到迪士尼樂園來工作。昆蟲學家告訴我們，蜜蜂群體中有很好的分工，並非所有的工蜂都從事採花工作。據估計，蜂群中大約有十五％的蜜蜂分工出來進行採尋鮮花的任務。

★ 幸福啟示

做正確的事

很多人因習慣於正確做事而小有成績，不少人則因做正確的事而成績斐然。

伴隨著自己事業的發展，一個人應當不斷自我選擇與自我造就，適時地實現角色轉換和自我突破，以扮演更佳的角色。

會用特長是自己之長，善用他人之長更是了不起的長才。

學會整合人際資源，才會取得更大的成就。

眞賺還是假賺

決定你想做什麼和發現你不想做什麼，是同等的重要。

——曾憲梓

趙處長在機關工作，年薪六十萬元。他眼看很多過去的同學，一畢業就大膽投身商海，而先前同事如今成爲商人的，也都成了大富，便也守不住這清水衙門，棄文從商一年下來賺了八十萬元，樂得一家人說：「還是從商好呀！」

趙處長眞的賺了嗎？經濟學家指出，爲了得到某種東西而付出的代價，叫「機會成本」。從機會成本加以分析，就知道他是輸還是贏。乍看，趙某只是放棄了當處長的六十萬元年薪。但事實上，一個處長除了薪水外，還有別的收入，像公教保險、免費體檢、公費度假、三節獎金……全部加起來，一年至少三十一萬元左右。他每天工作八小時，其餘時間還可用來做些別的事，比如爬爬格子賺外快，一年下來也會有幾萬元的收入。加總起來共計九十六萬元左右，明顯大於從商賺取的八十萬元，這還不包括退休俸。可見，趙某的行爲是不明智的。

此外，我們還得學會計算固定成本。比如，一家遊樂園每玩一次的平均總成本爲十元，假如午夜營運成本降到七元，那麼這家遊樂園要營業嗎？表面上看似乎是虧損，實際卻不一定。如果設備不變，那每玩一次的平均總成本爲：平均固定成本（包括應分攤的設備折舊、房租、員工工資等費用）加平均可變成本（包括電費、員工增加工時的工資等費用）。

顯然，無論是否營業，平均固定成本都得支出。若是平均固定成本爲六元，平均可變成本爲四元，園方午夜減價時段每收七元，就有三元的收入。進一步說，每玩一次只要收費超過四元，這家遊樂園就有利可圖。

★ 幸福啓示

理性做事，切勿盲目

無論做什麼都會有一定的風險，不要忽視風險的存在。

無論如何都不要逃避風險，應該學會理性地評估風險。

盲目去做事，只是白白浪費精力；一心一意去做事，結果未必等於你的期望。

水手

寧可敗在喜歡的事情上，也不要成功在你所憎厭的事情上。

——海明威

英格蘭的一個小鎮上，有個名叫傑克的人。他從未見過大海，非常想看一看，甚至還夢想成為一名水手。終於有一天，傑克得到機會。當他來到海邊，那兒煙霧濛濛，天氣冷得很。

「怎麼會這樣呢！大海太恐怖了，自己以前真傻，這有什麼值得喜歡的。幸好我不是水手，海上工作太危險了。」

他在岸上碰到一名水手，兩人交談起來。「真讓人無法理解，你怎麼會愛上大海呢？那兒彌漫著濃霧，又冷得要死。」「海並非經常都如此。有時，海是明亮而美麗的。但不管什麼天氣，我都喜歡海。」水手說。「難道做一名水手，不危險嗎？」傑克問。「當一個人熱愛他的工作時，他不會想到危險。我們家的每一個人都愛大海。」水手回答。

傑克又問：「你的父親還在當水手嗎？」「他已經死在海裡了。」水手回答。「你的祖父呢？」「死在大西洋裡。」「那你的哥哥呢？」「他在印度一條河裡游泳時，被鱷魚吃了。」「假如我是你，就永遠也不到海裡去。」

傑克話音一落，水手反問道：「你能告訴我，你父親死在哪兒嗎？」「啊，他死在床上。」傑克回答。「你的祖父呢？」「也是死在床上。」水手說：「這麼說來，我若是你，就永遠也不到床上去。」

★ 幸福啓示

駕馭風險

勇者以汗水書寫人生，懦夫用淚水解釋生活。

每種選擇都有代價，程度取決於對風險的駕馭能力。

一開始就選擇安全是最不安全的。

冒險而贏者絕非運氣，敢於冒險只是開始。

敢於冒險與不怕風險是兩回事，

前者以冒險為樂，後者以承擔得起風險為代價。我們應當把二者統一起來。

萬分之一的機遇

機遇總是要來的，我們還得耐心地等一等。

——毛澤東

一座山上有座廟，廟有師徒兩個和尚，一老一少。一天，小和尚向老和尚抱怨說：「師父，下山化緣的路太難走了，崎嶇不平，尤其下雨天更是沒法走。」老和尚聽了，意味深長地說：「有路就夠了，因爲有路我們就有活命的可能，否則我們就會挨餓。」

這裡的路就是指機會。我們都知道，只有把握機會才能成功。著名企業家甘布士從一家造紙廠的小技師脫穎而出，成爲擁有五家百貨商店的老闆，然後又成爲企業界舉足輕重的人物。他告訴我們，他的成功來自不放棄萬分之一的機會。這一點，從一件小事可以看出。

一次，甘布士有急事要乘火車去外地，由於事先沒有訂好車票，到車站時，票已經賣完了。等了好久，也沒有人退票。他現在只剩兩條路可選：要麼立即放棄，不再傻等；要麼繼續堅持，成功是在最後一分鐘出現。甘布士毫不猶豫地選擇了後者，耐心等候。二小時，一小時，半小時……五分鐘。突然，一個女人急匆匆地趕來退票，因為她家裡有急事，不得不更改日期。就這樣，甘布士如願以償地坐上了火車。甘布士後來說：「我很幸運地坐上火車。你知道嗎？我抓住了那只有萬分之一的機會，我想，一個不怕吃虧的笨蛋，其實是一個眞正聰明的人。」

★ 幸福啓示

等待機遇要用心

你沒機遇，那是因為條件還不夠，你需要的是信心和耐心。

世間的一切成敗都由時間來仲裁。

萬事萬物都有其自身規律，等待也有它的邏輯。

不要消極守株待兔，也不要鹵莽地急於求成。

在等待期間努力充實自己，當機會降臨就是你成功時。

一分鐘內發生的事

在空間中，部分小於整體；相反的，在時間中，至少在主觀上，部分大於整體。

——（德國哲學家）費爾巴哈

班傑明是一位著名的教育專家。一次，有位倍受挫折的年輕人向他求教，問他怎樣才能成功。當年輕人如約到他家時，屋子的門敞開著，屋裡的東西亂作一團。

此時，班傑明興高采烈地迎了出來，主動招呼說：「你看我的屋子這麼亂，實在不好意思迎接客人，這樣吧，你在門外等我一分鐘，我收拾一下，你再進來。」說完，班傑明輕輕把門關上。眨眼的工夫，班傑明打開房門，極其熱情地把年輕人請了進去。這時，年輕人的眼前出現了一番新景象：屋子裡的所有東西被安置得井然有序，而且茶几上還擺好了兩杯剛剛倒好的葡萄酒。那酒的香氣撲鼻而來，年輕人的心不由得隨著那香氣悠悠蕩蕩。

「年輕人，讓我們乾杯吧！喝完這杯酒，你就可以走了。」班傑明十分客氣地說。一聽這話，年輕人愣住了。他一肚子有關人生和事業的疑難問題都沒說，竟然就要被打發走。年輕人頓時滿腹失望，尷尬地站在那兒，吞吞吐吐說：「您知道，我……我還沒向您請教呢！」「這些，眞的還不夠嗎？」班傑明環視房間，親切地說，「你進來也有一分鐘了。」忽然，年輕人恍然大悟，激動地說：「我明白了，你是想告訴我，一分鐘的時間可以做很多事。我們應當珍惜時間，趕快行動。」

年輕人和班傑明舉杯，隨即把酒一飲而盡，連連道謝之後，高興地離開了。

★ 幸福啟示

珍惜每一分鐘

一分鐘有時好像無足輕重，但是當上班因一分鐘而遲到時，我們就會覺得它的重要；與戀人在一分鐘後就要分別時，我們便會格外珍惜它。

一分鐘可以用來看路，可以用來鼓勵人，可以用來微笑。

把一分鐘當成最後一分鐘來過，珍惜生活就是珍惜每一分鐘。

時間的成長

世界上哪種東西最長又是最短，最快又是最慢，最能分割又是最廣大，最不受重視又是最受珍惜，沒有它什麼都做不成，它使一切渺小的歸於滅亡，使一切偉大的生命不絕。

——伏爾泰

夏天，田野裡一片蒼翠，非常美麗。一個小姑娘獨自一人盡情地玩耍。田野裡有一片西瓜田，瓜田裡長著大大小小的西瓜，小姑娘看了很想吃。

「小姑娘，是不是想買西瓜？」瓜農笑眯眯地問。

「是呀，我想吃西瓜。」小女孩答道。

瓜農摘了一個又大又熟的西瓜說：「這個瓜怎麼樣？」

小姑娘連忙說：「眞對不起，我手上只有五角錢。」

瓜農覺得小姑娘很可愛，便熱情地說：「這樣吧，我摘一個最小的給妳。」

小姑娘搖著頭說：「不，我想要個大的。當然，我現在就買那個最小的，但是我要過一個月再來取。」

「眞是一個機靈的小鬼。」瓜農誇讚小姑娘，收下她的錢，把那個大的西瓜給了小姑娘。小女孩的聰明就在於她懂得時間能轉換爲成長，並透過時間來交換自己想要的東西。

★ 幸福啓示

時間改變命運

一切並非一成不變，人類曾認為不可能的事，

在經過一段時間以後，往往就成為理所當然的事。

過去的許多想法，也許當時重要得不得了，幾年後可能會雲淡風輕。

只要你走進時間，一切都會自行化解，一切都會有新的開始。

時間可以轉化為成長，時間是構成生命的材料，

生命在時間的刻度上可以得到提升，改變一些天定的命數。

碎花瓶理論

勿輕小過，以為無殃；水滴雖微，漸盈大器。

——《誦戒序》

有一個人挑著滿滿的一籮筐瓷器，到市集上去賣。半路上一不留神，幾件瓷器掉到地面上摔碎了。可是這個人連頭也沒回，繼續趕路。過路人看見了，對他說：「你的東西掉在地上摔碎了，怎麼不停下來看一看呢？」「我一聽聲音就知道掉到地上的瓷器全都摔了個粉碎，看了又不能修復，爲什麼要停下來呢！」

換成絕大多數人大概都會停下來看個究竟，爲一些無法挽回的損失惋惜一番，甚至還會捶胸頓足、仰天大哭，對此懊惱好長一段時間。每個人都應當豁達一點，不要太拘小節。但是，對這個挑瓷器的人，我們是不是就一味地讚美呢？

雅各．博爾是丹麥的物理學家。一天，他不小心把花瓶打碎了。這麼一件小事，卻引起物理學家的重視。他把這些碎片進行了分類，並發現：一〇—一〇〇克的碎片最少，一—一〇克的稍多一點，〇．一—一克以及〇．一克以下的最多，前者的重量爲後者的十六倍。雅各．博爾把這一規律稱爲「碎花瓶理論」，這一理論在文物或隕石的修復工作上發揮了重要作用。

無獨有偶，許多重大的成就都來自小事。伽利略看見單擺，發明了掛鐘；牛頓見了蘋果落地，發現了萬有引力。物理學家雅各．博爾如果像那個挑瓷器的人對待打碎的花瓶，就不能有所發現。由此可見，對待小事，我們既要有博大的心胸，也要有智慧的雙眼。

★ 幸福啓示

重視小事

決定命運的有時是小事，決定小事的是教養、人格和胸襟。

一個你認為無足輕重的小東西，往往在關鍵時刻會有四兩撥千金的力量。

一件你不屑一顧的小事，可能會成為改變你命運的跳板。

購買的藝術

思考，繼續不斷地思考，以待天曙，漸漸地見及光明。

——（英國）牛頓

有一次，朋友向我出了一道考題：假如白糖每斤的價格爲〇．八四元，火柴每盒的價格爲〇．〇二元。那麼，現在給你〇．八四元，你能不能用它買到一斤白糖和二盒火柴。

我一聽，愣住了，這怎麼可能呢？雖然我不是學經濟的，但市場遵循的是等價交換的原則，俗話說：「一分錢一分貨。」世界上那有這麼好的事，少花錢，卻能多買東西。我說：「你這是跟我玩腦筋急轉彎吧！」「不是腦筋急轉彎，這是一家公司面試的題目，據說答對了便年薪百萬。」朋友解釋說。「這怎麼可能呢？」我很吃驚，看來，我只有拿微薄薪水的頭腦。此時，我看了朋友一眼，只見他詭秘一笑：「這個世界上，一切都有可能，只有想不到，沒有做不到。動動你的腦吧！」

「通貨膨脹時就能買到。」我答道。朋友一聽，大笑著說：「笨蛋，通貨膨脹時貨幣貶值，錢不值錢。」我突然覺得自己太沒智商了，急忙說：「當商品，也就是白糖和火柴供過於求時，就能買到。」朋友又笑道：「傻瓜，題目中不是說好它們的價格了嗎？」「那我真的想不出來。你還是告訴我怎麼買吧！」這時，朋友終於告訴我：「其實答案很簡單，就是分十次在十個不同的地方，每次只買一兩八分四厘，根據四捨五入的原則，你每次就能省〇．〇〇四元，十次就是〇．〇四元，恰好能買兩盒火柴。」當然，這只是理論上的問題，卻說明了一個深刻的道理。

★ 幸福啟示

傾聽心靈

安靜的看一瓢水，可以審視它的清淨與淡泊；
細看一朵花，可以品味它的愉悅與莊嚴；
耐心看一撮土，可以領略它的沈實與凝重。

細節的魅力

誰也沒有想到，我竟然能在細節中窺見宇宙的真理。

——牛頓

某條街上有兩家比鄰的服裝店，附近住著一家人。姐姐總是光顧左邊那家店，妹妹感到很疑惑，便問：「姐姐，是這家店比較有品味嗎？」姐姐笑了：「其實兩家的衣服款式、質料、做工，就連品牌都差不多。」「那差別在什麼地方呢？」「右邊的那家店，一套衣服讓模特兒穿一季；左邊的那家則不同，模特兒的衣服總是別出心裁，變化層出不窮。」

姐姐講到這裡，停了一下又接著說，「你不認爲左邊店家的老闆很有格調嗎？她把自己的店當成一個展示服裝的平臺，精心裝扮模特兒，把一個經營者的生活情趣、審美理念，生動地表現給顧客。可以想見，這家店主是一個優雅、勤奮、熱愛生活的人。到她店裡購物，簡直是一種享受。」

市場行銷其實包含如此深刻的人生道理。生活中，每個人的一言一行，也無不是由細節構成。經營好人生的細節，你的魅力將由此而生。

★ 幸福啓示

對於細節的感悟

魔鬼隱藏在細節之中，
上帝也隱藏在細節之中，
細節就是一條細細的線，
一邊是天堂，一邊是地獄。

做「傻事」的聰明人

生命的多少用時間計算，生命的價值用貢獻計算。

——（匈牙利）裴多菲《人生的斜坡上》

勃姆是一個美國農民，在遼闊的土地上種植玉米。他不斷研究改良玉米的新品種，希望能夠減少病蟲害、增加玉米的產量。後來，他所研發的新品種獲得美國農業界的最高榮譽——藍帶獎。

在頒獎典禮之後，勃姆馬不停蹄地回到故鄉，將他得獎的玉米新品種分送給周圍同樣種植玉米的其他農民，讓他們也能夠分享更好的玉米品種。朋友們知道後，紛紛勸他不要做這樣的傻事。

他們說：「你將獲獎的玉米新品種拿去申請專利，所有想要種植這些新品種的農民，就得付出相當的權利金來購買該項專利，那麼，你多年努力研究的辛苦結晶，就能爲自己帶來一筆可觀的財富。」

勃姆耐心地向朋友們解釋：「我爲什麼要把優良新品種分送給大家呢？衆所

周知，植物是靠蜜蜂、蝴蝶等昆蟲的傳粉來衍生下一代，假如緊鄰自己土地的其他玉米，仍是原來產量不良的品種，經過昆蟲的頻繁傳粉，不用幾代，我的新品種就會被同化成低劣的玉米。因此，最好的做法，就是讓附近幾千公頃的玉米地，都種植相同的新品種。這樣一來，整片玉米地的產量和品質，便能維持在一定的水準之上。最終所有的人都能獲利，而且是更大的利益。」

★ 幸福啓示

付出才能擁有

懂得付出就永遠有能力付出，貪圖索求就永遠要不停求取。

付出越多收穫越多，索求越多收穫越少。

人生由慣性主導，你活在哪種狀態中，這種狀態就會越演越烈。

正如《聖經》所說的：「讓擁有的更多，讓沒有的更少。」

付出的收穫

如果你不比別人幹得多，你的價值也就不會比別人更高。

——塞萬提斯

小丁是普通員工，老王是人事經理。一天，小丁對老王說，自己非常恨這家公司，想辭職。

老王建議：「我不阻止你，只是覺得你現在離開，不是最佳時機。」小丁問：「何以見得？」老王說：「如果你現在離開，公司沒多大損失。你應當趁眼前的機會，想辦法爲自己拉一些客戶，成爲公司獨當一面的人手以後，再體面地走。」

小丁覺得老王的話很有道理，於是拼命工作。幾個月後，小丁便有了許多穩定的客戶。當老王與小丁再見面時，便問：「你現在滿意自己的工作嗎？」小丁微微一笑說：「老總跟我談過了，打算提拔我爲『總經理助理』，我現在沒有離開的想法了。」

事實上，這正是人事經理老王的初衷。

還有這樣一個故事。兩個人死後來到陰曹地府，閻王查過功德簿後說：「你們兩個生前沒有大惡，准許投胎爲人，但你們有兩種選擇。一個得過付出、給予的生活，另一個必須過索取與接受的日子。」其中一個人思忖道：索取、接受就是坐享其成。於是他搶先開口：「我要過索取與接受的生活！」另一個人生前厚道、老實，便表示情願過付出和給予的日子。

閻王聽了他們的選擇，馬上判定二人來世的命運：過索取與接受生活的人，下輩子當乞丐，整天求人施捨；過付出與給予生活的人，來世做富翁，一生施善樂助。

★幸福啓示

付出總有回報

你沒得到你想要的東西，是因為你先前沒有播種：

你收穫的不夠多，是因為你種得太少。

如果你以為自己付出很多，那還得看和誰比，

假如是跟第一名相比，別人比你更認真、更努力。

及時道歉

人類要清洗自己的罪過，就只有說出這些罪過的真相。

——馬克思

外國人喜歡說「對不起」，顯示出紳士淑女風度。在狹窄處，你碰了外國人一下，他會對你說「對不起」；他碰了你一下，也會說「對不起」。若是在擁擠的場所，你踩了他的腳，他也會說「對不起」，或者向你笑一笑。幾個中國人走在馬路上，喜歡「一」字排開，擋住整個路面。外國人繞過這些擋道的人，還會說一句「對不起」，這是因爲他覺得自己是強行超越。

中國古代的《寄言所寄》這部筆記小說，記載著一個有關道歉的故事，很值得後人好好學習。徐存齋年輕有爲，二十來歲就進翰林院當編修。朝廷派他前往浙江主考。閱卷工作中，徐存齋發現一名考生用了典故「顏若孔之卓」，不由得眉頭一皺，拿起筆畫了一條黑，批上兩個字「杜撰」，然後「置四等」，即落選。

當時，凡有評語不好的考生，必須到堂上「領責」，接受訓斥。這名考生手捧卷子去了，一見那年輕的主考官滿面慍色，嚇得不知該如何是好。想了一會兒，他終於壯起膽子，爲自己申辯：「大師見教誠當，但此語出《揚子法言》，實非生員杜撰也。」年紀輕輕的主考大人徐存齋立即找來書，一看果然是出於此，連忙從太師椅上站起來，向考生說：「本道僥倖太早，未嘗學問，今承教多矣！」這名考生也被改置一等，名列金榜。

★ 幸福啓示

知錯能改

人非聖賢，孰能無過？

怕的不是犯了錯誤，難的是承認錯誤，可貴的是下次不犯同樣的錯誤。

不懂得認錯、說對不起，就會經常做虧心事。

有時向別人低一下頭，整個人生都能昂首挺胸。

老是爭強好勝、高高在上，必將跌得鼻青臉腫。

懂得亡羊補牢，還能挽救剩下的羊。

深夜打電話

愛人者，人恒愛之；敬人者，人恒敬之。

——孟子

夏目志郎是日本非常著名的講師。有一天晚上，夜已經很深了，他突然從床上爬起來。

妻子問他：「半夜三更的，你起來幹什麼？」

「我還有一個重要的電話要打，我起來打電話。」夏目志郎回答。

妻子吃驚地說：「床頭櫃上不是有電話嗎？你爲什麼起來呢？」

「不，我不能這樣打電話。」說完，他走到衣櫃旁，穿了襯衫，打上領帶，又把西裝穿好，逐一扣上扣子，然後照照鏡子，仔細調整一番。

待夏目志郎覺得一切都很滿意，才走到電話旁，四平八穩的擺好姿勢，開始撥打電話。電話打完以後，他脫西服，解領帶，脫襯衫，然後才回到床上睡覺。

妻子見丈夫一板一眼的模樣便說：「你的朋友根本看不見你這身正規著裝，

不過是打一通電話，何必多此一舉？」

夏目志郎說：「我的朋友的確是看不見，但是我看得見，我看見自己躺在床上，模樣隨便地打電話，就會在心裡產生一種不尊敬人家的感覺。這麼一來，我心裡對他的感受就打了折扣，這是不能允許的。我可以不在乎別人的感受，但我不能不在乎自己的感覺。因此，我必須這樣做。」

★ 幸福啟示

尊重別人就是尊重自己

你想讓別人怎樣對待你，你就要怎樣對待別人，

你怠慢別人，別人也會對你不屑一顧。

尊重別人就是尊重自己，尊重的結果是互惠互利。

傲慢是把自己置於懸崖邊。

當你懂得維護別人的尊嚴時，自己才會得到相當的尊重。

就如同玩翹翹板，

先使對方升高，爾後你自然也會得到提升。

新浪網王志東遇貴人

那些不肯濟弱扶貧者，當他跌倒時，也將無人施援手。

——薩迪

一個人再怎麼強大，力量也是有限的，許多人命運的改變，都是由於他人，特別是貴人的幫助。創辦新浪網的王志東就是幸運地遇到了貴人。起初，他在中關村一家小公司賣電腦。當時，有個用戶買了北大方正和四通4S的排版系統，但是兩個排版軟體對硬體配置的要求不一樣，無法裝在同一台機器上。商家告訴用戶要買兩台電腦才行，用戶不願買兩台電腦，找王志東想辦法。

王志東爽快地答應了。沒想到才試了一個月，王志東就把兩個軟體系統裝到了一台電腦上。用戶格外高興，跑到方正說：「你們說不能做的事，我找人完成了。」方正的人不信，這個客戶就把機器搬去給他們看。方正的人看了，追問是誰做的，客戶把王志東供了出來。這讓王選（中國大陸二〇〇二年國家科技大獎得主）記住了王志東這個名字。王志東因而進入北大方正，而且還進了王選的研究所。王志東的命運從此發生了大改變。

按理說，他不可能想到這個客戶就是他的貴人。假如這個客戶找到王志東，但王志東抱著多一事不如少一事的態度，還會不會有後來的發展？退一步想，假如你知道這個人是你的貴人，你會不會認眞對待他？毫無疑問，誰都會這麼做。問題的關鍵就在於，人們很事難先知道誰是自己命中的貴人，當你不知道時，你會怎麼做？這才是最重要的。

王志東後來創辦新浪網也是一樣。一九九八年十月，他在美國遇到了臺灣電子科技界知名人士姜豐年。之後，他們共同商討創建全球最大的中文網站——新浪網，新浪網便由此而生。

★ 幸福啓示

幫別人就是幫自己

盲人在夜裡提盞燈，既方便了無燈的行人，也能使別人不要撞到自己。最成功的人不在於他贏過多少人，而在於他幫過多少人。生活在當今時代的人，更應該懂得整合人際資源。

「拉球」遊戲

有個人問哲人：「什麼事是最重要的？什麼人是最重要的？生活中什麼時光是最重要的？」哲人認真地回答：「最重要的事，是與所有的人共同分享愛；最重要的人，是此時此刻往來的人；最重要的時光，是現在的時光。」

——托爾斯泰《生活之路》

美國某教師做過這樣一個試驗。

這位教師找了三個中國孩子，年齡分別爲五歲、七歲和十歲。他在地上放一個瓶子，瓶身很大，瓶口很小，裡邊裝著紅、黃、藍三種顏色的球，每個球上都繫著一條線。美國老師對三個孩子說：「這個瓶子代表一口井，瓶裡的三個球則分別代表你們三個人。你們三個在井底玩，大水突然從井底冒出來，你們拼命跑。由於井口很小，一次只能容納一個人出來。你們會如何逃命呢？」三個孩子聽了，相互看了看。

「預備——跑！」教師喊道。很快的，五歲的孩子最先拉出了小球。緊接著，七歲的孩子把球拉了出來。最後，十歲的孩子也把球拉出來。他們用的時間總共不到五秒。

美國教師在很多國家都做過這個實驗，許多孩子幾乎在同時拉自己的球。可想而知，誰都無法把球拉出來。教師問三個中國孩子爲什麼會這樣做。七歲的孩子說：「應該讓最小的先走，這是媽媽告訴我的。」十歲的孩子說：「我是最大的，應該最後走，這是老師教我們的。」這位教師聽了，竟感動得流下眼淚。

★ 幸福啓示

把愛心留給別人

你要贏取別人的愛，你得先有顆愛心。

像蠟燭一樣關照別人，自己也得到一份明亮；

像拐杖一樣支撐別人，自己也被同時支起。

給道路兩旁的花草澆點水，你的人生之旅便多了一些色彩與芳香。

讓別人自動自發的藝術

聯想的企業文化強調的是把員工融入企業的模子裡，所以企業設定目標時要考慮員工的要求。

——柳傳志

一位管理學教授對新學員講授領導與管理，他想測試學生的管理能力，於是查了幾名新生，給他們同樣的題目：「現在讓你來領導本班，令大家自動走出室外，切記！要大家心甘情願才行！」

第一位學員不知怎麼辦才好，結果什麼也沒做。第二位說：「教授要我命令你們出去，聽到沒有？」全班同學動也不動。第三位拿起掃帚說：「同學們，教室要打掃，請大家離開！」結果，同學們三三兩兩地走出教室，但仍有一些在座位上不肯動。第四位想出了一個好辦法，他微笑著對大家說：「好啦，同學們！現在下課，大家吃飯去吧！」不一會兒，所有的人一哄而散。

從這個故事可以看出，要想讓人們心甘情願地服從，必須與他們的切身利益連結。倘若不顧別人的辛苦和感受，就無法得到良好的回應。

據說，拿破崙在法國發動政變前，曾經和妻子約瑟芬至海港邊散步，恰好遇到一群水手在卸貨。水手們挑著沈重的貨物大聲喊叫：「勞駕勞駕，讓一讓！」妻子想都沒想，就脫口而出：「大膽，在你們面前的可是鼎鼎有名的拿破崙！該讓的是你們。」拿破崙拉住妻子，勸道：「這些水手很辛苦，不要這樣對待他們。」緊接著，拿破崙讓士兵去幫助那些水手卸貨。後來，他秘密回到法國，發動革命，做了法國皇帝。有人說，拿破崙最大的助力就是這些水手。

★ 幸福啟示

尋找彼此共同的利益

做人要學會設身處地，做事要學會多找認同點。

如果一意孤行，那做事大多不妙。

遇到一人反對，可以置之不理，而當許多人反對時，就得慎重考慮。

西門子公司的創始人說：

「我總是以大眾的利益為前提，但事情演變到最後總是有利於我自己。」

手的故事

我沒有別的東西奉獻，惟有辛勞、淚水和血汗。

——邱吉爾

二十世紀有一位頗負盛名的演藝人士，名叫傑米·杜蘭特。當時，許多單位都想邀他去演出，但傑米無法一一應邀。由於盛情難卻，他答應爲一家單位進行一段幾分鐘的獨白。誰知他做完了獨白，並沒有走，竟一直表演了半個多小時，才向觀衆深深一鞠躬下臺。這時，有人衝上去問：「你怎麼願意停留呢？」「本來我是打算要走的，可是當我看見第一排的觀衆時，便決定留下來了。」

原來，第一排坐著兩名觀衆，他們在第二次世界大戰中都失去了一隻手，一個是左手，另一個是右手。但他們配合默契，各出自己的一隻手相互擊掌拍手，拍得那樣的響亮和開心。

另外一個故事是這樣的。一位教低年級學生的老師，要求學生畫出自己最感激的事物。其中一幅畫大出她的意料。因爲孩子畫的不是蘋果，就是雞蛋，或者是其他好吃的東西，而這個學生畫的竟是一隻手。老師問這名學生：「你畫的是誰的手呀？」「那是聖誕老人給我們禮物的手。」一個孩子搶著回答。「這不是聖誕老人的手，老師，這是您的手。」畫這幅畫的孩子說，「您用手教給我們知識，用手拉著我們散步，我想這是我最感激的事物。」老師頓時熱淚盈眶。

★ 幸福啟示

感激與奉獻

樂於付出是成功者的事情，難於付出是失敗者的實情。

達則兼濟天下，窮則獨善其身，而這恰是他們成敗的另一個原因。

人的精神力量是無窮的，懂得感激和奉獻是聰明而高尚的，生活對這種人的回報是豐厚的，所以他們因此成了世人眼中的成功者；只會乞求他人救濟是愚蠢的，因為社會對他的認同極低，他只是一個讓人同情的失敗者。

國王的畫像

表揚可以形成文件，而批評，打個電話就行了。

——李．艾科卡

有一位國王，不幸缺手斷腿，但是他很想將自己的相貌畫下來，留給後代子民瞻仰，就請來全國最好的畫家。畫家的畫技一流，畫得栩栩如生，頗爲傳神，但是國王看了之後，生氣地說：「我這麼一副殘缺相，怎麼傳得下去！」

國王又請來一位畫家。因爲有前車之鑒，這名畫家不敢據實作畫，就把國王缺的手和腿補上去。國王看了之後，不滿地說：「這個人不是我，你在諷刺我。」

國王又請來第三位畫家。第三位畫家該怎麼畫呢？如實畫的不行，完美作畫的也不行。他想了好久，急中生智，採取了「隱惡揚善」的方法，把國王畫成單腿跪下，閉著一隻眼瞄準射擊，將國王的優點表現無遺，把他的缺點全部掩蓋。果然讓國王「龍心大悅」。

有一個京官要到外地任職。臨行前，父親告誡說：「地方官不好當，你要多加小心爲好。」京官說：「父親放心，我準備了高帽一百頂，逢人就送一頂，便能保平安了。」父親一聽很生氣，當場訓斥他：「吾輩爲官，從不搞拍馬奉承之事，你這樣成何體統！」京官說：「父親說得很對，如今像您這樣不喜歡戴高帽的人，能有幾個呢？」父親聽了，轉怒爲喜，點著頭說：「你這一句話說得還不錯。」京官辭別父親後，笑著對妻子說：「我的一百頂高帽，現在只剩九十九頂了！」

★ 幸福啓示

多讚美別人

馬克．吐溫說：「聽到一句讚美的話，我可以多活兩個月。」

儘管有人表面上說「請多指正」，心裡其實想聽恭維話。

真誠讚美別人是對的，

適當讚美別人是不可少的，

說到心坎上的讚美是高明的。

精彩極了和糟糕透了

激發人的潛力，尤其是女性，以讚揚為最佳，但不能一味地讚揚，也必須有訓斥的時候。

——櫻井秀勳

巴德．舒伯格是一位美國作家，他兒時寫了一首詩，拿給母親看。母親連連稱讚：「這首詩簡直是精彩極了。」她把兒子摟在懷裡親，說：「等你爸回來，我把這首詩給他看。」得到母親如此讚賞，小巴德好得意。

他想像著自己會如何得到父親獎賞，快樂得像一隻剛學會飛翔的小鳥。等了很久很久，父親終於回來了。待他坐下喝茶時，母親便把小巴德寫的那首詩遞上去。這時，小巴德緊盯著父親的臉，盼望他的讚美。父親卻皺起了眉頭，說：「簡直是糟糕透了！」小巴德心一下涼了。母親說：「你這是怎麼了，我們的孩子寫了一首這麼好的詩，你怎麼能這樣對待他呢？」「難道世界上糟糕的詩還不夠多嗎？我並不指望他成爲詩人。」父親生氣地說，小巴德不禁哭了起來。

小巴德後來也認爲那首詩寫得不好，但從那天起，他發誓一定要得到父親的讚賞。時隔很久，小巴德又寫了一首給父親看，得到的評價是：「寫得不怎麼樣，但還不是毫無希望。」母親依然讚歎說「精彩極了」。此後，他寫得更加努力了。

巴德長大後說：「我很感激父母，溫柔而慈愛的母親總是用『精彩極了』鼓勵著我，使我充滿了動力，嚴厲的父親總是當頭棒喝，讓我的頭腦保持清醒。『精彩極了』與『糟糕透了』雖然有點偏激，但缺一不可，也正是如此，才使我有了今天的成就。」

★ 幸福啓示

讚美與鞭策

好話不等於實話，鞭策不等於進步。

希臘諺語說：「謹防鼻子上有瘡，卻被恭維成美。」

人生的成長與進步離不開讚美與鞭策。

孟買佛學院的第一堂課

處人不可任己意，要悉人之情。處事不可任己見，要悉事之理。

——呂坤

印度是佛教的發源地，而孟買佛學院是印度最著名的佛學院之一。孟買佛學院的歷史非常悠久，有著古典而輝煌的建築。這所院校之所以著名，是因爲它培養出許多傑出的學者。此外，這所院校擁有一堂其他佛學院沒有的課。說是課，其實只是一個很微小的細節。但正是這個看似微乎其微的細節，讓學生終身受益。

在孟買佛學院的正門一側，開了一扇高一．五公尺、寬〇．四公尺的小門，一個成年人必須彎腰側身才進得去。

彎腰側身從這扇門進去，正是孟買佛學院給學生上的第一堂課。新生入學時，老師都要引導學生來到這扇小門前，帶他進出一次。比起出入大門，彎腰進出小門顯得很不體面，卻有意義不凡的啓示：生活中有許多地方都沒有壯觀的大門，即使有，也並非都能讓你輕易出入，一個人只有能屈能伸、靈活應變，暫時放下尊貴的面子，學會彎腰側身才可出入，到達所期望的目的地。中國歷史上的越王勾踐和韓信，正是這樣的人。越王勾踐臥薪嘗膽，最終戰敗了吳國；韓信能忍胯下之辱，後來為西漢王朝的成立建下了汗馬功勞，為世人所稱頌。

★ 幸福啓示

靈活處世

低頭、彎腰是靈活的處世之道，懂得低頭和彎腰是一種智慧。

人生在世當能屈能伸，方可立於高處、坐於平處、行於寬處。

日本某大學給畢業生的留言是：

「像野豬一樣勇往直前，像獅子一樣統帥一切，

像黃牛一樣勤勤懇懇，像小貓一樣不受他人左右，

像犬一樣與衆協調，像猴子一樣機動靈活，

像梅花鹿一樣小心謹慎。」

教徒許願

物以競爭為綱，人類則以競爭為原則，以群而強，以孤而敗。

——譚嗣同

上帝對兩名虔誠的教徒說：「我現在要送給你們一件禮物，你們當中一個人先許願，他的願望一定會馬上實現；而第二個人，可以得到第一個人願望的兩倍收獲！」

其中一名教徒自忖：「我不能先開口，如果我先許願，那就太吃虧了！對，要讓他先說！」

另外一個教徒也想：「我怎麼可以先講，讓他獲得加倍的禮物呢？」於是兩位教徒就客氣起來，「你先講嘛！」「你比較年長，你先許願吧！」「不，應該你先許願！」兩名教徒彼此推來推去，「客套地」推辭一番後，兩人開始不耐煩起來，氣氛也變了。「你幹嗎！你先講啊！」「爲什麼我先講？我才不要呢！」

推到最後，其中一人生氣了，大聲說道：「喂，你眞是個不知好歹的東西，你要是再不許願的話，我就打斷你的狗腿！」

另外一人沒有想到對方會變臉，竟然恐嚇自己，他想：「你這麼無情無義，我也不必客氣！我沒有辦法得到的東西，你也休想得到！」這個教徒乾脆把心一橫，狠狠地說道：「好，我先許願！我希望——我的一隻眼睛——瞎掉！」

願剛許完，這名教徒的一隻眼睛馬上瞎掉，而另一名教徒的兩隻眼睛也隨即瞎掉！

★幸福啟示

要的是「雙贏」

相互敵對意味著相互損害，對哪方都沒有好處；

相互合作意味著互惠互利，這是彼此的「雙贏」。

實力再強大的人，要是四面樹敵也會陷入四面楚歌的境地。

與人為善，相互配合，發掘他人的優點，

彼此合作才能激發雙方的最大價值。

人生的道路漫長而艱辛，只有雙腳配合才能平穩地走向遠方。

最快樂的旅行方法

分享一切。

——比爾・蓋茲

「從上海到倫敦，該怎麼去最好玩？」

這是一家電器公司的有獎猜題，獎品是一台價值八千元的彩色電視。許多人踴躍參加，獎品最終竟被一名小學生奪走，他的答案是「與朋友一起去最好玩」。

「與朋友一起去最好玩」，說的是人們共同分享最有意義。早在戰國時期，孟子就說：「獨樂樂，不若與民樂樂。」現代社會通訊科技發達，使世界變得越來越小了，可是人與人之間的心理距離卻遠了。追究原因，都是繁忙的現代人缺乏心靈的溝通與交流，難以彼此信任，漸漸看淡分享的意義。其實，對於分享，廣至一個社會，小到兩個人，都是極其重要的，難怪黃磊在《我想我是海》中唱「沒人分享，再多的成就都不圓滿」。

諾貝爾是一個懂得分享的人。幼年上學時，班上的第一名總是被一個名叫柏濟的同學拿走，他只能屈居第二。有一次正值考試，柏濟生病住院，不能來學校參加考試。這下，同學們都以爲諾貝爾穩拿第一，但是他卻把試題寄給柏濟。結果柏濟依舊考第一，諾貝爾第二。後來，諾貝爾因發明火藥而成了百萬富翁，他卻把許多錢捐給慈善機構。臨終前，他設立諾貝爾獎，並捐出全部財產。如今，很少有人知道那個始終名列第一的柏濟，但是大家都知道諾貝爾。

★ 幸福啓示

懂得分享

無論生活將機遇和幸運賜予誰，都有賜予的理由，一味羨慕與嫉妒，反而破壞了平和的心境。學會分享別人的成與敗，或讓別人分享自己的得與失，並不意味著你平庸和拙劣，反而恰恰證明你的成熟。

失意時淡然，得意時泰然，一切都會很坦然。

抱著一顆平常心去做該做的事，就有可能獲得不平常的成果；

秉著一顆分享的心去處世，就會贏得快樂的一生。

魚+魚竿+人=幸福

要像蜂房裡的蜜蜂和土窩裡的黃蜂那樣，聰明人應當團結在一起。

——高爾基《我的大學》

有兩個貧困交加的人得到富人的恩賜：一根魚竿和一簍鮮活碩大的魚。其中一個人要了這簍魚，另一個人要了這根魚竿，然後各奔東西。

得到魚的人原地就用乾柴搭起篝火煮了起來，他狼吞虎嚥，還沒品嚐出鮮魚的滋味，轉瞬間連魚帶湯吃個精光。可是，吃了上頓沒下頓。不久，他便餓死在空空的魚簍旁。

另一個人則提著魚竿繼續忍饑挨餓，一步步艱難地向海邊走去。他終於看到不遠處那片蔚藍的海洋，但由於疲憊交加，渾身的最後一點力氣也用完了，只能眼巴巴地帶著無盡的遺憾撒手人寰。

又有兩個饑餓的人，同樣得到富人一根魚竿和一簍魚的恩賜。但他們並沒有分道揚鑣，而是商定共同去尋找大海。他倆每次只煮一條魚，分著吃。經過遙遠的跋涉，他們終於來到海邊。從此，兩人開始了捕魚爲業的生活。幾年後，他們蓋起了房子，建造了漁船，有了各自的家庭、子女，過著幸福美滿的日子。

★ 幸福啓示

團隊的力量是一加一大於二

拔河時少了一份力量，就可能造成團隊的失敗。

沒有人能獨自演奏交響樂，交響樂需要一個樂團的合作。

唯有重視團隊建設，才能共建未來。

只求一時痛快是急功近利，是明顯的短線行為。

人無遠慮必有近憂，眼光比眼力更重要，

把眼光放遠一點，前途更加光明。

由盛到衰的廟宇

和羹之美，在於和異；上下之益，在能相濟。

——陳壽

有三名和尚在一座破廟裡相遇。不知是誰提了這樣一個問題：這廟爲什麼荒廢了？

甲和尚說：「肯定是和尚不誠，所以菩薩不靈。」

乙和尚說：「肯定是和尚不勤，所以廟境不修。」

丙和尚說：「肯定是和尚不敬，所以香客不多。」

三人各持己見，最後決定留下來，證明到底是誰的說法正確。

於是，甲和尚開始禮佛念經，乙和尚管理廟務，丙和尚化緣講經。不久，廟宇興盛，香客漸漸多了起來。這時，他們又爭論起來。

甲和尚說：「都因我禮佛心誠，所以菩薩顯靈。」

乙和尚說：「都因我勤加管理，所以廟務得當。」

丙和尚說：「都因我奔走勸世，所以香客漸多。」

三人夜以繼日地爭個不停，廟宇的盛況又慢慢沈寂。他們終於得出了一致的結論：

廟宇的荒廢，既不是和尚不誠，也不是和尚不勤，當然更不是和尚不敬，而是和尚不睦。

★ 幸福啟示

和舟共濟

一個和尚挑水喝，

二個和尚抬水喝，

三個和尚沒水喝。

「人和為寶」，「和氣生財」，凡事「和為貴」，「家和萬事興」。

無論是一個家庭還是團體，都要相互熱愛、一團和氣。

天時、地利、人和是成功的三要素。

衆人拾柴火焰高，一盤散沙堆不起寶塔。

世界上最貧窮的乞丐

記住農夫與蛇，以及東郭先生和狼的故事，幫助壞人將害人害己。

——佚名

某地有一個富人和一個窮人。

那富人很有錢，不愁吃穿，每天回家時都會看見一個窮困潦倒的討飯人，提著個破罐子守在路邊。富人對窮人理都不理，更談不上施捨。有一個鄰居實在看不慣，就對富人說：「做人應當慈悲爲懷，多行善事。」

富人說：「這恰是我的慈善，因爲他越是要得著，就越不想振作。要知道，富招都是被窮逼出來的。」

鄰人一聽，直搖頭：「你是站著說話不腰疼，窮人沒路，有了路自會去謀生。」

「要不信，咱試試看。」富人說。

說到做到，第二天回家時，富人走到要飯人的跟前，給了他三張大鈔，說：

「我最初是用三百元錢做小買賣起家的，現在同樣給你這些錢，你自己去謀生，幹點什麼吧，別在這裡乞討了。」

那窮人見錢眼開，一口應諾，滿心歡喜，接了錢就走了。從此，半月沒見那窮人的蹤影。

鄰人正以爲富人這錢給對了，誰知那窮人把錢花完又回來了，還是站在原來的位置，伸出行乞的手。富人的車開過，從此再也不理這個窮人。

★ 幸福啓示

幫助值得幫助的人

你未必得幫助所有需要幫助的人，而是要幫助那些值得幫助的人。

助人固然是一件高尚的事，

但世界上需要幫助的人太多，想做事的人才值得幫助。

對那些值得幫助的人來說，你一時的幫助，就是改變他一生命運的契機；

對有些不值得幫助的人來說，你使出吃奶的勁去幫他，他卻暗地裡吃你的「奶」。

七、相容與虛懷並蓄

假如我是一名大學校長，我要設一門必修課程，教學生「如何使用眼睛」。教授應該讓學生知道，看清他們面前一閃而過的東西會給自己的生活帶來多大的樂趣，從而喚醒人們那麻木、呆滯的心靈。

請你思考這三個問題：假如你只有三天的光明，你將如何使用你的眼睛？想到三天以後，太陽再也不會從你的眼前升起，你又將如何度過那寶貴的三日？你會讓自己的眼睛停留在何處？

——海倫・凱勒《假如給我三天光明》

我能想到最浪漫的事，就是和你一起慢慢變老，一路上收藏點點滴滴的歡笑，留到以後坐著搖椅慢慢聊；我能想到最浪漫的事，就是和你一起慢慢變老，直到我們老到哪兒也去不了，你還依然把我當成手心裡的寶。

——姚若龍《最浪漫的事》

愛，很簡單

人的文化修養愈高，精神世界愈豐富，愛情審美程度也愈高。

——瓦西列夫

眞實生活中的愛，很平實，很簡單。有這樣一個故事：

一個女孩問姊姊：「如果有三個人追求妳。第一個喜歡送花給妳，第二個老是寫詩讚美妳，第三個喜歡請妳吃飯。妳會嫁給哪一個呢？」姊姊很乾脆地回答：「這三個人，我一個都不嫁。」「假如這三個是同一個人呢？」小女孩緊接著問。「這倒願意考慮考慮。」「假如妳和這個人已經結婚，並且生活了許多年。有一天，他感到又送花又寫詩又請吃飯，很累，想讓妳減掉一樣，那麼妳願意減掉哪樣呢？」「就把那頓飯免掉吧！」「就這樣，又過了五年，男的覺得又送花又寫詩，未免有點囉嗦，想減掉一樣，那麼妳願意減哪樣呢？」「那就把寫詩免掉吧！」這時，女孩笑著說：「姊，妳願意嫁給第一個人。」

姊姊起初誰都不願意嫁，結果還是嫁給了那個送花的。倘若再問下去，她很可能會嫁給一個既不會送花，又不會寫詩，還不會請吃飯的人。同樣一個問題，只是提問的順序顚倒，卻得出截然不同的答案。這是爲什麼呢？很簡單，是愛在起作用。兩個人在沒有愛或感情還不牢固時，對外在的要求比較多、比較高，而一旦眞心相愛了，就什麼都不在乎了。換句話說，那些把愛弄得格外奢侈的人，一定是還沒有眞正相愛。

★ 幸福啓示

愛情是水，而非華麗的杯

上帝給每人一杯水，於是你從裡面飲入了生活。

生活確如一杯水，愛情也一樣。杯的華麗並沒多大意義，水的可口才是真正價値；你有權加鹽、加糖、加茶葉……因杯有限，你須適可而止；因水有限，你須慢慢啜飲。

對愛情而言，杯中的一滴水就是一片海，詮釋愛情的道理不必用海，一滴水便夠。

簡單一點才能使身心不為物累。

外表的奢豪並不代表生活品質提高、內心世界豐富。

殘缺的完美

尺有所短，寸有所長；物有所不同，智有所不明。

——屈原

有個外表英俊、內心聰明的年輕人，一心想找個完美無缺的妻子。他找呀找呀，找了整整四十年，從一個年輕人成了老人，依舊是孑然一身。但是滿頭銀髮的老人仍舊是如此的執著，還在不停追尋著他心目中那個完美無瑕的女人。

有人問他：「老爺爺，這麼多年了，您還沒有找到一個稱心如意的人嗎？」「找到過一個。」老人回答。「那您為什麼不娶她呢？」年輕人吃驚地問。「唉，那個女人跟我一樣，她也要找個完美的男人。」老人非常痛惜地回答。

有個圓被切去了好大一塊三角楔，它想恢復完整，使自己沒有任何殘缺，於是四處尋找失去的那部分。

因為它殘缺不全，只能慢慢滾動，所以能在路上欣賞花草樹木，和毛毛蟲聊天，享受陽光，看露珠裡的風景。

它找到各種不同的碎片，但都不合適自己，只好繼續往前尋找。終於有一天，這個殘缺不全的圓找到一塊非常合適的碎片，它很開心地把那碎片拼上，開始滾動。

它現在是完整的圓，滾得快極了，快得它來不及看路邊的花草樹木，也不能和毛毛蟲聊天，無法欣賞露珠裡的風景。

它覺得滾動太快，使自己看到的世界與先前完全不同，一點也不美，便停止滾動，把補上的碎片丟在路旁。

★ 幸福啟示

笑對不完美

沒有最好只有更好，世界都不是完美的，

認識到自己不完美，就能夠接納別人的缺陷。

人生的最大盲點是你總能洞察別人的缺點，而忽略了自己的不足。

其實你能，且只能與不完美的人相處，笑對不完美是另一種完美。

愛情為誰

身不能利，安能利人？心調體正，何願不至！

——《法句經》

他對她一見鍾情。半年後，男孩鼓足勇氣向她求婚，但她委婉拒絕了。男孩當著女孩的面哭了。他以為以淚洗面會感動她，因為「男兒有淚不輕彈」，也許男人的淚水更有分量。可偏偏癡情遇冷風，女孩說：「你這麼脆弱，我怎能嫁給你呢？」說真的，女孩對男孩的印象蠻好的，但自己的終身大事非同兒戲，得試探男孩的眞心。

他覺得她說得對，大丈夫怎麼似小女子哭哭啼啼的，便一改往日的哭腔，慢慢變得堅強起來。又是半年後，他第二次向女孩求婚。女孩依舊委婉拒絕了他，因為她覺得他們的感情還不成熟。這下，他「撲通」跪在女孩面前，女孩告訴他：「身為一名男子漢，你這麼沒有自己的尊嚴，我不能嫁給你。」說完，她就像一朵美麗的雲彩，飄逝在馬路盡頭。望著她漸漸模糊的倩影，男孩的愛更加清晰，他眞的太愛她了。

癡情不減的他記取了以上兩次教訓，如今已成了一個很注重自己尊嚴的人。幾個月後，他又向女孩發起第三次愛情攻勢，但女孩還是拒絕了他。這時，男孩迅速從腰間拔出事先準備好的匕首，大聲說：「妳要是不肯答應嫁給我，我就用刀切斷這根手指頭。」女孩沒說話。突然，一節斷了的手指飛出去，男孩的手頓時佈滿鮮血。女孩被他的舉止嚇了一跳，但很冷靜地對他說：「我眞的不能嫁給你。像你這種連自己的身體都不愛的人，怎麼會去愛別人呢？」

★ 幸福啓示

愛別人，愛自己

一個人既有為自己的一面，同時也有為別人的一面，
缺了哪一面就不是一個眞正的人。
懂得關愛自己，身心會健康起來；
懂得關愛別人，品德會高尚起來。

生命中最美的地方

不論你漫遊何方，家庭都是安樂鄉。

——（美國）劉易斯

蔚藍色的大海，水天相連，這是我夢中的大海。我從小就有離家出走的想法，尤其是在看了《魯賓遜漂流記》和《海底兩萬里》後，這念頭更是與日俱增。想像在海邊光著腳丫，踩著沙灘上那五顏六色的貝殼，想像著大浪滔天的壯觀場面，那才叫刺激。

終於，我去了大海，乘著輪船，才知道現實與夢想並非一回事。尤其有一件事更是深深觸動了我。

記得返航時，我們的船總是熱情地向迎面駛來的船隻鳴笛，也不管對方是否理睬。大家對此疑惑不解，有人猜測船長是個熱情洋溢的人；也有人認爲他被委以重任，事業有成的激情湧動著他……衆說紛云，我實在忍不住了，便去問船長。他解釋說：「我只是很高興，因爲這是回家的路上。」

原因是如此的簡單，我聽後竟感動得流下眼淚。

★ 幸福啟示

愛家

家好比一座花園，
精心呵護，就會百花齊放；
不去關愛，必然一片凋零。
家需要慈母般的愛心，
園丁般的精心，
織女般的細心。
男人是泥土，女人是雨露。
失去責任感和愛，
家就難成其家，花園只會衰敗。

生活最不能缺少的東西

即使是內向的人，也會因確信自己被愛，而更添魅力。

——摩路瓦

一名到國外出差的英國人，辦完事後準備儘快回國。在返程之前，他到郵局給妻子發一份電報，把回國的事告訴她。付錢時，這個英國人發現錢不夠了，於是對營業員小姐說：「我身上的錢不夠了，麻煩妳幫我把電文中開頭『親愛的』三個字去掉。」營業員小姐笑著說：「先生，這三個字是無論如何也不能去掉的，要知道，對一個妻子來說，她心裡最想要的就是丈夫說這三個字。你不用擔心，這筆錢我來幫你付。」

看了這個故事，讓人不由得想起一則廣告——

家裡，一片死寂。

這時，門鈴響了，女主人去開門。「媽，我回來啦！」兒子大聲說。

母親驚喜，急忙應聲：「回來啦，今天能住家裏嗎？」

兒子說：「媽，公司安排我明天到南部出差。對啦，妳最想要什麼東西，我給妳買回來。」

「不，不要什麼。」母親的語氣有點低沈。

「媽每次都這樣，不要客氣，妳說出來，我一定爲妳帶回來。」兒子以爲母親不好意思要東西，便又說道。

「這……」母親欲言又止，考慮自己，又想到兒子的工作，內心波瀾起伏，終於擠出了一句：「能陪媽多說點話嗎？」

此時，電視裡的旁白響起：「無價的關愛，從心靈開始。」

★ 幸福啓示

生活需要更多愛

有人可以愛是一種喜悅，被人關愛是一種幸福。

愛注重的不是外在的形式，而是內心的交融。

發自肺腑的愛才會有力量，能推動人去戰勝各種艱難險阻。

真正的愛可以治療兩個人：付出愛的人和接受愛的人。

一份愛情清單

承擔義務是婚姻幸福而長久的關係基礎。

——弗羅倫斯·伊薩克斯

一對結婚幾年的夫妻，男的覺得婚後生活不理想，想離婚。女的說：「你看看這個東西吧！」說著，把一個信封遞過去。男的拆開一看，第一行寫著「愛情的清單」五個字，他愣了一下，便看起來：

這些是我曾經爲你做過的事：第一，每天早上一起床，拉開窗簾，讓陽光照進臥室，爲的是讓你有個好心情。第二，把新鮮水果洗乾淨，放在盤中，然後端到茶几上，方便你一伸手就能拿取。第三，隨時在冰箱裡裝很多吃的東西，讓你一個人在家時不會餓著。第四，每天都去買你喜歡看的報紙。第五，把你穿髒的衣服和鞋子洗乾淨，放在衣櫃裡。第六，一到周末，都要把屋子打掃一遍，爲的是給你一個窗明几淨的環境。第七，分別在臥室、客廳、餐廳和廁所放煙灰盒，在你想彈煙灰的時候，感到很方便。第八，每回你洗完澡以後，幫你把浴室裡的水一一擦乾，把拖鞋洗淨，爲的是防止地上留下黑黑的腳印。第九，每逢你喝醉酒，哪怕是到深夜，我都要拿盆子給你嘔吐，拿溫水供你漱口，遞紙巾給你擦嘴……而你曾經爲我做過的事……請你諒解，我實在想不起一件來……現在，既然你提出來了，我也感到累了。所以，我答應和你離婚。」

男的臉上燙燙的，鼻子酸酸的。這時，女人拿起簡單的行李就要走，他迅速抓住她，溫柔地說：「我想把這份愛情的清單修改一下，可以嗎？」

★ 幸福啓示

珍視平淡之愛

世界上有兩種愛，

一種熱烈似火，許多人難以抗拒而跟著融化，但火終會滅亡；

一種愛平淡如空氣，人們常常會忽視它的存在，然而一旦失去，會感到一分鐘也難存活。

人生沉重的負擔是怨恨。

真愛不在美麗的結局，而在永恒的結緣。

三把斧頭

虛偽的真誠，比魔鬼更可怕。

——泰戈爾

一名窮人以打柴爲生。在前往打柴的路上，樵夫總是邊走邊吹著嘹亮的口哨，因爲只要去砍柴，他就能掙到需要的錢。

一天，他在河邊砍柴，感覺有點累了，想休息一會兒。就在他剛轉身想坐下時，卻被一條乾裂的老樹根絆了一跤，手中的斧頭飛出去，滑落到水中。

「我可怎麼辦啊？」樵夫喊叫著，淚水流了出來，「我失去斧頭，以後怎麼養活家人？」突然，陽光下的河面濺起一片七彩的美麗浪花。浪花落下後，出現了一位漂亮女子。她是這條河的女神，聽到有人哭喊的聲音，於是浮出水面。

「你有什麼傷心事嗎？」女神熱情地問道。樵夫把事情講述了一遍。女神聽完後，立即潛入水中，一會兒之後，手裡拿著一把銀斧頭鑽出水面。「這是你的斧頭嗎？」她問道。樵夫想，用這把銀斧能給孩子們買許多好東西，但那不是他的，便搖了搖頭說：「我的斧頭是鐵的。」女神又潛入水中。

一會兒，她露出水面，手裡拿著把明晃晃的金斧頭給樵夫看，「這把斧頭是你的吧！」樵夫看了一眼說：「不是。」女神再一次潛入水中。這次浮出水面後，她又握著一把斧頭。「那是我的！那才是我的斧頭！」樵夫欣喜若狂，大聲喊了起來。「這是你的，另外兩把斧頭現在也屬於你了。它們是我送給你的禮物，因爲你是一個誠實的人。」女神說。

那晚，樵夫扛著三把斧頭回家，一路上高興得把口哨吹得更加嘹亮。

★ 幸福啓示

心誠是福

收穫不在於付出的多寡，更在於人心的誠否。

最有福氣的人，常是那些真誠、實在和勤快的人。

欺騙成性的人，總有敗露倒楣的一天。

誠實是永恒的，而欺騙只是一時的。

贏得快樂的一個「好辦法」

如果你懂得使用，金錢是一個好奴僕；如果你不懂得使用，它就會變成你可怕的主人。

——馬克・吐溫

有個富人滿面愁容地到教堂去祈禱。他問牧師：「我雖然有錢，但一點也不幸福，我甚至不知道應該用自己的錢做些什麼，才能買來歡樂和幸福。」

牧師讓富人面窗而站，看外面的街市。他問富人：「你看到什麼？」富人回答：「來往的人群，個個興高采烈，多麼美妙啊！」牧師又把一面很大的鏡子放在富人面前，並問：「你看到了什麼？」富人回答：「我見到一張憂愁難看的臉。」

牧師說：「問題就在這裡呀！窗戶和鏡子都是玻璃作的，不同的是鏡子上鍍了一層水銀粉。單純的玻璃讓你看到了別人，也看到了美麗的世界，沒有什麼阻攔你的視線，而鍍上水銀粉的玻璃只能讓你看到自己，是金錢阻攔了你心靈的眼睛，你守著你的財富，像守著一個封閉的世界。」

另一個富翁背著許多金子四處遊玩，可一路上並不開心。回來時，他看見樵夫滿頭大汗，把打的柴放在家門前，坐在門口歇息，正開懷暢飲碗中的水。富翁見樵夫一臉喜色，既羨慕又驚奇地問：「你爲什麼如此快活呀？」「放下就是快樂啊！」樵夫喝了一口甘甜的水，笑著說，「我幹完一天的活，放下身上的重擔，倍感輕鬆，所以很快樂；而你整日背著金子，不肯放下，它就是你的包袱，把你壓成現在的樣子。」

★ 幸福啓示

放下就是快樂

請不要說金錢是萬能的，它只是幫人們做事的一種工具。

很多人有錢但不快樂，因為他們窮得只剩下錢；

金錢能幫窮人解決問題，卻給富人製造問題。

繫上金幣的鳥兒難飛上藍天。

財富與快樂都始於自我意識，過於傾向哪一方就會反向發展。

人生的幸福是心靈的滿足與財富的平衡。

有錢，你不一定會享受

財產，如果不好好安排，幸福還是會像一條鰻魚，從手裡滑掉的。

——裴斯泰洛齊

有這樣一位外國老太太和中國老太太。外國老太太年輕時是漂亮的女孩，大學畢業後找到一份收入穩定的工作，就向銀行貸款買了汽車和房子，又置了許多高檔生活用品，每月還貸款。手頭雖然有點緊，但她感到充實而快樂，到晚年時已嘗盡了各種人生的樂趣，臨終時恰好把銀行的貸款全部還清。中國老太太年輕時也是漂亮的女孩，不同的是，她找到一份收入穩定的工作後就開始努力儲蓄，一年到頭辛苦勞碌，捨不得多花一分錢。最後，她在病痛中死去，子女們得到一筆足夠買房子、名車的遺產。孝順的孩子用存款中的一部分，給老太太舉辦了風光的葬禮，但是她生前卻沒有享過什麼福。

王女士準備買房子出租獲利，她有能力一次付清，卻因爲銀行提供低利貸款的誘因，而選擇了分期貸款。合計十五年後，在租金行情不變的前提下，一次付清省下的利息還遠多於租金的收益，她的如意算盤還真是不合算。

★ 幸福啟示

掌握消費觀，懂得理財道

消費觀是我們心中的消費指南針，
你的命運受你的決定影響，
你的決定受你的消費觀支配。
光會掙錢還不夠，不懂得投資理財肯定要吃虧。
改變消費觀才會懂得財產的價值，從而更有效把握自己的命運。
掌握理財之道才會良好運用金錢，
從收支的合理角度做出理性的選擇，讓金錢為自己服務得更周到。

老和尚的長壽秘訣

心不清則無以見道，志不確則無以立功。

——林逋《省心錄》

某縣城的一座寺廟裡，住著一位老和尚，每日天濛濛亮的時候，就開始灑掃庭院，從寺裡掃到寺外，從大街掃到城外，一直掃出離城好幾里的地方。日日如此，月月如此，年年如此。

小城裡的年輕人，從小就看見老和尚在掃地，那些做了爺爺的，從小也看見這個老和尚在掃地。老和尚已經很老很老了，就像一株蒼虯的古松，不見它再抽枝發芽，可也不再見衰老。

終於，老和尚坐在蒲團上，安然圓寂了。誰也不知道他活了多少歲。後來，一位長者路過城外的一座小橋，見橋石上鐫著字，字跡大都磨損。老者再三辨認，才知道橋石上刻的正是老和尚的傳記。據此記載推算，他享年一百三十七歲。

那上面還記載著，軍閥孫傳芳部隊有一位將軍，在這小城紮營時，決意要

「放下屠刀，立地成佛」，懇求老和尚收他爲佛門弟子。這位將軍丟下他的兵器，拿著掃把，跟在老和尚的身後。老和尚心中自是了然，向他唱了一首歌：

掃地掃地掃心地，
心地不掃空掃地，
人人都把心地掃，
世上無處不淨地……

★幸福啓示

經營好心境

心是一個奇觀，人老心卻不會老，心只會成熟。

有心就有心境，構築好心境就會有人生好風景。

我們應當這樣修「心」：

將心上三點一分為三，
三分之一給事業，
三分之一給大自然，
剩下的三分之一留給愛。

健康的第一把鑰匙

應該笑著面對生活，不管一切如何。

——伏契克

一九九一年世界健康教育大會指出：現代社會六〇%的病是由不健康的生活方式造成的，而七〇%至八〇%的人又死於這些生活病。二十一世紀全面和諧發展的健康人應具備：有力的心臟、聰慧的頭腦、強健的體魄、充沛的精力和有序的生活。從這裡可以看出生活方式的重要性。樂觀、開朗、豁達，就是很好的生活之道，是保證身心健康的靈丹妙藥。做一個樂觀、開朗、豁達的人不需要花一分錢，只要願意，隨時都可以。人要樂觀，要敢於發笑，要愛笑，就像彌勒佛一樣，把笑當成一種習慣，沒事也要偷著樂，因爲笑是一把健康的鑰匙。

相傳，古代有個大官員，得了一場大病，整日精神抑鬱，吃了不知多少藥，都不見效。後來，家人打聽到揚州興化縣有一位名叫趙海仙的名醫，便驅車前往。老醫生隨即爲他診治。看了大半天，這位名醫說：「依老朽之見，大人之疾乃月事不調也！」官員聽了哈哈大笑，當場就說堂堂一個男子漢，哪會得什麼月事不調，純粹是庸醫一個，便拂袖而去。

他回家後，到處說這件事，今天說，明天也說，說了便大笑。奇怪的事情發生了，不到半年，這位官員的病竟然好了。他恍然大悟，便親自找那位老醫生答謝，老醫生笑著說：「治大人的病，光靠藥物不行，我想了很久才想出這個辦法。」

★ 幸福啟示

讓生命充滿笑容

笑一笑，十年少；笑一笑，百病消。

一天笑三笑，容顏俊俏醫生要上吊。

生活中要是停止了笑聲，就等於停止了生命；

生活中要是沒有微笑，你永遠不能算衣冠整齊。

到底是誰惹的禍

健康不是一切，但沒有健康就沒有一切。

——吳階平

許多人不重視健康，不懂得怎樣愛護自己的身體。世界衛生組織前總幹事中島洪告誡人們說：「許多人不是死於疾病，而是死於無知。」

據說，某地有個老太太，一次買了許多白菜，放在門外的牆腳。第二天下了一場大雪，老太太萬分著急，生怕白菜被凍壞，當時家裡又沒別的人，便一個人搬這六十來斤白菜。白菜大得很，每一棵都有十來斤重。老太太每次搬一棵，從樓底搬到三樓的陽臺上，一連好幾趟，累得氣喘吁吁，而且越喘越厲害，又伴隨咳嗽。

等白菜搬完，老太太竟然吐出帶血的痰，便慌忙去醫院檢查。這一查可把家人嚇壞了，竟是急性心肌梗塞，必須打針。一針打下去，老太太才感到舒服了點。這針藥液才一毫升，可價值六千元，比金子還值錢。老太太的病最終是治好了，醫藥住院費總共花了五萬元。白菜當時的價格每斤十元，六十斤也不過六百元，出院時，老太太還恨恨的說：「都是那幾棵白菜惹的禍。」

★ 幸福啟示

你的健康由你決定

每個人不僅要富起來，同時還要健康起來。

現代醫學指出：

人的健康七％決定於氣候的影響，

八％決定於醫療條件，

一〇％決定於社會因素，

一五％決定於遺傳，

六〇％決定於自己。

人的健康和生命是個系統工程，需要我們科學養生，全方位綜合管理。

培養良好的生活方式和行為模式，好體魄是人生和事業的重要保證。

「健康天使」

生命如流水，只有在它急流與奔向前去的時候，才美麗而有意義。

——張聞天《生命的跳躍》

以前，草原上有許多可愛的梅花鹿。一天，人們發現兇殘的狼毫不留情地捕食鹿，眼看著一隻又一隻的鹿被活活吞食，大家都恨透了狼，於是千方百計地捕殺惡狼。沒過多久，草原上的狼全都被消滅了。這下，鹿群又可以無憂無慮地生活了。

哪料到，沒有天敵的梅花鹿不斷增多，所需的草量也越大，使得牧民的牛羊缺乏草料；而且自從沒了狼，這些鹿也不像以前那樣，爲避免被吃掉而整天奔跑。現在，梅花鹿由於缺乏運動，免疫力和體質越來越差，紛紛患各種疾病而死去。不久，一種傳染病更是讓大批大批的梅花鹿蒙受滅頂之災，最終倖存無幾。

這件事引起了一位動物學家的關注，他對生活在非洲大草原奧蘭治河兩岸的羚羊群進行研究，發現東岸羚羊群的繁殖能力比西岸的強，每分鐘奔跑速度也比西岸的快十三公尺。

對這些差別，動物學家起初不知其所以然，因爲這些羚羊的生存環境和屬類是一樣的。他在動物保護協會的協助下，在東、西兩岸各捉了十隻羚羊，把牠們運送到對岸，讓其自由生活。結果運到東岸的十隻僅剩下三隻，其餘七隻全被狼吃掉了。

動物學家如夢初醒，原來，東岸的羚羊之所以強健，是因爲牠們附近有狼群威脅，西岸的羚羊之所以弱小，正是因爲缺少看似天敵，其實是醫生的狼。

★ 幸福啟示

熱愛運動

生命在於運動，但運動有學問。

古希臘山上的岩石刻著這樣的話：

「你要變得健康嗎？那你就跑步吧！

你要變得聰明嗎？那你就跑步吧！」

人類的整個身體結構，是自己花三百萬年用步行設計的。

貪吃的結局

食若過飽，則氣急身滿，百脈不通，令心閉塞，坐念不安；食若過少，則體羸（瘦弱之意）心懸，意慮不固。

——《童蒙止觀》

一九二五年，美國科學家麥可做了一個極其重要的猴子實驗：把二百隻剛斷奶的幼猴分為二組。第一組享受「最惠國待遇」，予以充足的食物讓其敞開肚皮吃飽。第二組受到「歧視待遇」，只得到相當於第一組六十%的食物，勉強吃飽。

五年下來，結果大大出人意料：第一組猴子得脂肪肝、冠心病和高血壓的多，一百隻當中竟然有一半「英年早逝」；第二組猴子除了十二隻死亡，其餘都身材苗條，皮毛光滑，行動敏捷，享盡高年方才壽終正寢。更耐人尋味的是，第二組猴子的免疫功能乃至性功能，均比第一組飽食的猴子略高一籌。

後來，科學家觸類旁通，把實驗範圍擴至老鼠、細菌、蒼蠅、魚等生物，又發現了驚人的相似性。

科學家不斷的努力探索，終於得出結論：動物一生所能消耗的能量有一定限額，限額一旦用完就意味著生命停止；吃得過多，限額就消耗得快；適量飲食，限額的消耗也就慢得多。

★ 幸福啟示

健康也講中庸之道

孔子「中庸」思想講「過猶不及」，

是一個「適」字，

違背了「適」就會出現不良結果。

人的健康也是如此，暴飲暴食與忍饑挨餓一樣危害身體。

三餐八分飽，健康活到老。

蔬菜水果五穀糧，粗茶淡飯保平安。

國家圖書館出版品預行編目資料

讓好事沒完沒了的99個啓示／林大有著.
第一版——臺北市：老樹創意出版；
紅螞蟻圖書發行，2009.03
面；　公分.——（New Century；3）
ISBN 978-986-85097-2-6（平裝）
1.修身　2.生活指導
192.1　　98002243

New Century 03

讓好事沒完沒了的99個啓示

作　　著／林大有
文字編輯／胡小慧
美術編輯／上承文化有限公司
發 行 人／賴秀珍
榮譽總監／張錦基
出　　版／宇河文化出版有限公司
企劃編輯／老樹創意出版中心
發　　行／紅螞蟻圖書有限公司
地　　址／台北市內湖區舊宗路二段121巷28號4F
網　　站／www.e-redant.com
郵撥帳號／1604621-1　紅螞蟻圖書有限公司
電　　話／(02)2795-3656（代表號）
傳　　眞／(02)2795-4100
登 記 證／局版北市業字第1446號
數位閱聽／www.onlinebook.com
港澳總經銷／和平圖書有限公司
地　　址／香港柴灣嘉業街12號百樂門大廈17F
電　　話／(852)2804-6687
新馬總經銷／諾文文化事業私人有限公司
新 加 坡／TEL:(65)6462-6141　FAX:(65)6469-4043
馬來西亞／TEL:(603)9179-6333　FAX:(603)9179-6060
法律顧問／許晏賓律師
印 刷 廠／鴻運彩色印刷有限公司
出版日期／2009年3月　第一版第一刷

定價220元　港幣73元

ISBN 978-986-85097-2-6　　Printed in Taiwan